NONGYE XIAOQIHOU GANZHI XITONG
YANJIU YU YINGYONG

农业小气候感知系统
研究与应用

古丽米拉·克孜尔别克　王　磊　张婧婧　等　著

中国农业科学技术出版社

图书在版编目（CIP）数据

农业小气候感知系统研究与应用／古丽米拉·克孜尔别克等著．--北京：中国农业科学技术出版社，2025.3.--ISBN 978-7-5116-7354-1

Ⅰ．S162.4

中国国家版本馆 CIP 数据核字第 2025MV6545 号

项目支撑：科技创新 2030—"新一代人工智能"重大项目（编号：2022ZD0115805）；新疆维吾尔自治区重大科技专项"农场数字化及智能化关键技术研究"（编号：2022A02011）。

责任编辑　闫庆健
责任校对　王　彦
责任印制　姜义伟　王思文

出 版 者	中国农业科学技术出版社
	北京市中关村南大街 12 号　邮编：100081
电　　话	（010）82106632（编辑室）　（010）82106624（发行部）
	（010）82109709（读者服务部）
网　　址	https://castp.caas.cn
经 销 者	各地新华书店
印 刷 者	北京捷迅佳彩印刷有限公司
开　　本	170 mm×240 mm　1/16
印　　张	14.75
字　　数	265 千字
版　　次	2025 年 3 月第 1 版　2025 年 3 月第 1 次印刷
定　　价	50.00 元

版权所有·翻印必究

《农业小气候感知系统研究与应用》
著者委员会

主　著：古丽米拉·克孜尔别克　王　磊　张婧婧
副主著：海拉提·克孜尔别克　李永可　李　辉
参　著：孟德龙　叶尔江·哈力木　孙　伟
　　　　侯文静　古丽扎达·海沙　巴合提拜克·白达合买提
　　　　董　峦　张志勇　阿依佐克拉　希仁娜
　　　　胡春华　谢　岚　李　湘　李　伟
　　　　吴乃宁　古丽娜拉·巴合提别克
　　　　罗齐熙　张书振　史志强　阿合特列克
　　　　张瑛进　张　涛　方学睿　薛泽昊

内容提要

  本书结合物联网、嵌入式系统、传感器、人工智能等技术，紧密围绕农业小气候感知系统的感知层、网络层、应用层设计的各个环节，以数据采集、信号处理、数据传输、智能分析为主线，采用模块优化设计思路对空气温湿度、土壤温湿度、风速风向、光照强度等农业小气候传感器的信号调理、主控 MCU、总线接口、电源等硬件电路及其嵌入式软件进行综合设计，结合国内开源物联网实时操作系统 RT-Thread 实现了 ModBus 总线的传感器数据采集、网络接入与链接保持、平台数据上报等多个线程的并发、高效运行，通过 MQTT 协议将各类气象传感器数据以 JSON 格式上报到中国移动物联网开放平台（OneNET），完成了农业小气候数据的实时数据展示、历史数据溯源、智能分析与数据挖掘等功能。通过为小气候数据的持续采集和分析，结合人工智能、大数据等相关技术可对农田的精准灌溉、智慧施肥、病虫害预警、极端气象灾害防控、农业生产智能优化等提供数据支撑。

  本书适合从事传感器设计、气象监测、智慧农业以及农业信息化等相关科研人员、高校教师及电子类相关专业学生阅读，也可作为农业工程、农业气象、物联网工程、人工智能与大数据应用等专业的高等院校学生的学习参考书，同时适用于对智慧农业与农业小气候感知系统感兴趣的读者深入研究。

目 录

第一章 智能感知技术概述 1
  一、研究背景及意义 1
  二、国内外研究现状 1
  参考文献 6

第二章 感知系统——空气温湿度传感器设计 8
  一、引言 8
  二、常用的空气温湿度传感器 9
  三、系统设计方案 14
  四、系统硬件设计 15
  五、系统软件设计 22
  六、分析与结论 54
  参考文献 55

第三章 感知系统——土壤温湿度传感器的设计 57
  一、引言 57
  二、硬件设计 62
  三、软件设计 71
  四、系统集成与测试 80
  参考文献 91
  附录 91

第四章 感知系统——风速风向传感器设计 97
  一、引言 97
  二、常用的风速和风向传感器 98
  三、系统方案设计 104
  四、硬件设计 107
  五、软件设计 118
  六、分析与结论 152
  参考文献 154

第五章　感知系统——光照传感器设计 ··· 155
　一、引言 ··· 155
　二、常见的光电传感器件 ··· 156
　三、光照传感器设计 ·· 160
第六章　农业小气候感知系统网关设计 ··· 182
　一、引言 ··· 182
　二、农业小气候感知系统设计方案 ······································ 183
　三、农业小气候感知系统网关设计 ······································ 184
　四、农业小气候感知系统数据展示与分析 ····························· 226

第一章　智能感知技术概述

一、研究背景及意义

智能感知技术是融合传感器技术、物联网、人工智能、大数据分析等多学科交叉的新兴技术，能够通过传感器和计算机算法感知环境及实时获取信息的技术，通过数据采集、分析并进行反馈。该技术广泛应用于智慧农业、智慧城市、环境监测等领域，随着技术的不断进步，智能感知技术在构建智能化、自动化系统中的作用日益突出，特别是在农业领域的应用，已成为提升农业生产效率、资源利用率和可持续性的重要支撑。

2021年，国务院印发的《"十四五"数字经济发展规划》明确提出，要加快推动农业领域数字化转型，将大数据、物联网、人工智能等技术深入应用到农业发展中，提升农业生产经营数字化水平。农业农村部印发《全国智慧农业行动计划（2024—2028年）》，为贯彻落实党中央国务院关于发展智慧农业的决策部署，加快智慧农业技术的推广应用，推动农业高质量发展，全面提升农业农村现代化水平，为保障国家粮食安全和农业可持续发展提供有力支撑。在此背景下，智能感知技术作为智慧农业发展的核心支撑技术之一，发挥着重要作用。通过集成物联网、人工智能、人数据等技术，利用传感器设备实现对农业生产环境、作物生长、土壤状态等多维度信息的实时监测和精准感知，为农业决策提供科学依据，助力农业生产向精准化、智能化和可持续方向发展[1]。

本章将概述智能感知技术的研究进展，探讨其在农业生产中的具体应用和技术创新。通过对智慧农场关键技术的研究，为农业生产提供更加高效、可持续的解决方案，推动我国农业的数字化、智能化转型，促进农业现代化进程和乡村振兴战略的实施。

二、国内外研究现状

随着农业现代化进程的推进，智能感知技术在智慧农业中的应用逐渐深入。实时采集农业生产环境中的数据(如空气温湿度、土壤温湿度、风速风向、光照度等),并结合人工智能和大数据分析,对农业生产进行精准管理和智能决策。通过智能感知技术了解农田的气候状况和变化趋势,为农业生产相关管理工作提供决策依据[2]。传统方式以单一传感器和固定式站点为主,数据采集与传输主要依赖人工方式。这种模式虽然能够满足基础气象监测需求,但在面对大规模、多变量的动态监测任务时,具有明显的局限性,存在数据采集不连续、覆盖范围有限以及实时性不足等问题。

(一) 国内研究现状

在国内,农田气象监测系统的应用愈加广泛,通过实时获取气象数据为农业生产提供关键支持。精准的气候信息能够帮助农民掌握农田环境动态,制定科学合理的田间管理措施和作物种植策略,从而提升农业生产效率与经济效益。针对农田气象监测需求,不同研究者提出了多种实施方案。目前国内学者主要采用蓝牙、Wi-Fi、ZigBee、LoRa、NB-IoT、4G等无线通信技术,实现数据传输与远程监控。蓝牙技术因其低成本和易于集成的特点,被应用于小范围农业气象监测系统中。张鹏[3]采用STM32F103RCT6主控芯片、SHT30温湿度传感器、BH1750光照传感器等设备,设计了一款农业大棚检测系统,通过蓝牙模块实现数据传输;郑鈜桦等[4]采用STM32F103C8T6主控芯片,结合多种传感器及HC-05蓝牙模块,设计了智慧农业大棚监测系统,并通过蓝牙模块将数据传输到用户手机上。然而,蓝牙技术在传输距离、抗干扰性等方面存在较大局限性,难以满足大范围农田气象监测的需求。

针对这一问题,Wi-Fi技术在农业环境监测系统中逐渐得到广泛应用。张春美等[5]设计了基于Wi-Fi技术数据传输的农业环境监测系统,该系统以STM32F103C8T6作为主控芯片,通过ESP8266 Wi-Fi模块将数据上传到OneNET云平台;与此同时,蔡鹏等[6]采用Arduino UNO PLUS型单片机、AHT20型传感器、DS18B20型传感器、GY-302型光照强度传感器、SPG30气体传感器及ATK-ESP8266 Wi-Fi通信模块,搭建了农业大棚环境监测系统,并通过Wi-Fi无线通信模块配合TCP透传协议将数据上传到OneNET平台,显著提升了系统的数据传输效率及稳定性。在此基础上,许博文等[7]将Wi-Fi技术应用于更广泛的农田监测场景,采用Arduino控制板与ESP8266 Wi-Fi通信模块设计了一种农田智能信息监测与处理系统,通过ESP8266 Wi-Fi通信模块将传感器采集的数据上传到上位机,实现了对农作物生长状态和农田环境信息的实时感知。尽管Wi-Fi技术能够提供较高的传输速率,适合大规模的

第一章　智能感知技术概述

数据传输，但其功耗较高，不适合需要长时间工作的低功耗传感器网络，并且像蓝牙一样，易受到干扰。

为解决高功耗和大范围覆盖问题，ZigBee 技术在农业气象监测中逐渐展现出独特优势。ZigBee 技术不仅具有低功耗、低速率特性，还支持自组网功能，能够在无须基础设施的情况下快速构建网络。焦艳等[8]开发了基于 ZigBee 的农田信息监测系统，采用多种传感器实时采集农田信息，还采用了光伏供电及低功耗设计，实现设备在野外环境可以长期稳定运行；基于 ZigBee 技术的高效性和可靠性，范灵燕等[9]进一步优化了系统的功能，选用 STM32F103ZET6 作为主控芯片，并采用 DL-20 的 2.4G ZigBee 无线串口收发模块（以 CC2530 为核心主控芯片），设计了一种基于物联网技术的远程农田信息监测系统，实现了信息监测、无线传输及数据异常报警功能。然而，ZigBee 技术在一些应用场景中也存在一定的局限性。ZigBee 的通信速率较低，限制了其在高数据传输需求场景中的应用。

对于更大范围和更高数据传输需求的应用，LoRa 和 NB-IoT 技术作为更为先进的低功耗广域网络（LPWAN）技术，能够弥补 ZigBee 的不足。王钧[10]利用传感器技术与 LoRa 无线通信技术，同时结合 LTE 移动通信技术，实现了气象数据的远程传输，设计了一套适用于设施农业的自动气象站监测系统。张鹏[11]进一步拓展了 LoRa 技术的应用场景，设计了一款基于 LoRa 的智慧农业环境监测系统，集成主控芯片 STM32F103C8T6、多种传感器设备以及采用 ASR6601 SoC 芯片的 LoRa 通信模块，用于精准监测农业种植场地的环境参数。在农业大棚环境监测方面，胡开明等[12]设计了一套基于物联网技术的控制系统，采集节点由 STM32 单片机、传感器、LoRa 通信模块及供电电源组成，数据传输节点则结合了 Wi-Fi 模块与 LoRa 通信模块，将数据上传到云平台，实现在线远程监控功能。这种系统架构进一步拓展了 LoRa 技术的多模块组合应用，为复杂环境的农业监测提供了解决方案。为解决 LoRa 在远距离传输中的局限性，雷娟[13]融合了 LoRa 和窄带物联网（Narrow Band Internet of Things，NB-IoT）的技术优势，设计了一套基于 NB-IoT 的农田环境信息远程检测系统，采用 STM32F103RCT6 单片机和多种传感器终端实时采集农田环境数据，并通过 NB-IoT 网络将数据上传到 OneNET 平台。这种融合设计有效弥补了单一无线通信技术在不同场景下的不足。在此基础上，高云[14]进一步提升了 LoRa 与 NB-IoT 技术的协同性能，设计了农业环境远程监测系统。其中，LoRa 技术主要用于农业环境数据的采集，而 NB-IoT 技术负责将数据高效传输至云端服务器，显著提高了不同距离下的数据传输效率。这些研究成果展现了无线通信技术在农业监测系统中的强大潜力，并为农业信息化的进一步发展提供了技术支持。与传统通信技术传输相比，LoRa 和 NB-IoT 等低功耗广域网络技术在偏远和复杂地形区域显示出较高的能效与传输性能，为现代气象监测提供了有效的技术路径。

随着数据量的增加及实时传输需求的提升，4G 通信技术开始在农业气象监测中发挥越来越重要的作用。相比于低功耗局域网络（ZigBee、LoRa 等）技术，4G 通信技术能够提供更高的带宽和更稳定的连接，适合需要大数据传输和高实时性的应用场景。秦小龙等[15]采用 4G 通信技术，设计了智慧农业控制系统，通过多种传感器采集数据，实时监测农作物的生长状况。刘万元等[16]进一步优化了 4G 通信技术在数据传输中的应用，使用 4G-DTU 传输模块实现了农业环境数据的远程传输，确保了数据的实时监测与传输的稳定性。

现代农业气象站监控系统逐渐向多参数监测、集成化和模块化方向发展，通过集成温湿度、风速风向、降水量、光照强度等多种传感器，实现了环境参数的全面动态监测。低功耗设备的研发延长了气象站的工作周期，显著提升了系统的长期稳定性和适应性。张宇等[17]研究了一种农田小气候通用监测系统，通过集成多种传感器实现环境数据的全面采集，并借助 uC/OS 实时操作系统优化了系统的低功耗性能和数据存储能力。其初步部署结果表明，该系统具有较好的应用性和稳定性。与之相比，刘忠超等[18]的研究更注重气象数据监测的多样性和系统硬件性能的提升，选用 STM32F407 作为控制核心，结合 DS18B20 数字温度传感器、DHT11 湿度传感器、三杯式电压型风速传感器、BMP180 气压传感器及 BH1750 光照强度传感器，配合 Si4432 无线通信芯片，设计了一种适用于农业环境的多功能小型气象站。在数据采集的精确性和系统稳定性方面均为智慧农业提供了有益的技术支撑。

（二）国外研究现状

在全球范围内，许多国家在气象站监控系统的研究与应用中，愈发注重系统的智能化与自动化，以满足现代农业对高精度、实时性和可持续发展的需求。尤其在农业领域，智能化气象站通过集成多种气象传感器（如温湿度、风速、气压、光照、降水量等），结合自动化数据采集、分析与传输技术，显著提高了气象数据的监测精度与传输效率，为农业生产提供了更加科学的决策支持。

随着低功耗广域网络（LPWAN）技术的迅速发展，LoRa 技术因其远距离传输、低功耗和高抗干扰性等优点，逐渐成为气象监控系统中数据传输的理想

第一章　智能感知技术概述

选择。Reda 等[19]针对农民在农业生产过程中对无线获取气象环境信息的需求，提出了一种基于 LoRa 无线通信的气象信息显示系统。该系统通过 LoRa 网络实时获取农业气象数据，并以低功耗通信的方式将数据传输至云平台，为农民提供及时、准确的气象信息，有效提高了农业生产的应对能力与效率。

在硬件平台与嵌入式系统设计方面，Sabanci 等[20]采用了 Arduino Mega 2560 控制板与 Atmega 2560 单片机作为核心嵌入式系统，集成 BMP180 气压传感器和 DHT11 温湿度传感器进行数据采集。同时，使用 DS1302 实时时钟模块在 LCD 屏幕上实时显示温度、湿度和气压数据，确保气象参数的实时性与可视化。此外，该系统还将传感器采集到的数据保存在 SD 卡上，以便进行长时间数据存储与后续分析。在可持续性与成本效益方面，Adoghe 等[21]提出了一种基于太阳能供电的自动气象站。该系统通过气象传感器采集环境数据，使用 PIC18F4520 单片机进行数据转换与处理，最终生成可用数据格式进行显示与存储。系统采用 GSM 调制解调器进行远程数据传输，确保数据在不同场景下的稳定传输。其太阳能供电设计不仅降低了系统的能耗，还大幅增强了设备在偏远地区应用的适应性，为实现农业生产中经济实用的气象监测提供了可行性参考。

此外，在硬件优化与成本控制方面，Botero 等[22]设计并实现了一套低成本气象站系统，能够实时测量风速、降水量、气压和温湿度等关键气象参数。该系统通过无线实时通信，利用微控制器在 Wi-Fi 和 3G 网络之间进行智能切换，确保数据在不同网络环境下均能稳定传输。同时，为了降低设备成本并提高耐用性，气象站的外壳采用 PVC 管进行组装，有效提高了设备的防护性能和环境适应性。

在物联网（IoT）技术的应用方面，Hachisuca 等[23]设计了一种基于物联网（IoT）技术的农业气象站系统。相比单一无线通信技术，该系统主要由传感器数据采集单元、数据传输单元、模数转换模块、I^2C 接口模块、MicroSD 卡存储模块及太阳能电池供电系统等核心设备组成。进一步提升了系统的集成度与智能化水平。系统的核心处理与通信单元采用 ESP32-WROOM-32 芯片，该芯片原生支持 I^2C 接口，可同时连接四个 I^2C 设备，实现多个传感器数据的高效采集与传输。传感器采集到的模拟信号通过 I^2C 接口转换为数字信号，并通过 MQTT 协议将数据传输到服务器端。此外，系统采用 TP-Link TL-WA721N 无线接入点，建立了稳定的 Wi-Fi 通信连接，确保数据能够实时传输到本地服务器，实现远程数据监控与管理。

近几年，关于气象站监控系统的研究呈现出智能化、低功耗和可持续发展的显著特点。通过集成多种先进的传感器与通信技术，智能化气象站能够高效地满足农业领域对精准气象监测的需求，同时通过技术创新降低了设备的运行成本并提高了系统的灵活性。无论是基于 LoRa 网络的实时数据传输，还是利用太阳能供电增强设备适应性的设计，这些研究成果不仅为农业生产提供了可靠的数据支持，还为气象站监控系统的未来发展指明了方向。在全球农业现代化和气候变化挑战日益严峻的背景下，进一步提升系统的集成度、可靠性和经济性将成为推动农业气象监控系统应用与普及的重要途径。

参考文献

[1] 李道亮，杨昊．农业物联网技术研究进展与发展趋势分析［J］．农业机械学报，2018，49（1）：1-20．

[2] 岳学军，蔡雨霖，王林惠，等．农情信息智能感知及解析的研究进展［J］．华南农业大学学报，2020，41（6）：14-28．

[3] 张鹏．基于单片机的智慧农业大棚检测系统的设计与实现［J］．电脑知识与技术，2024，20（9）：53-56．

[4] 郑鈜桦，曾鹏宇，陈浩．基于STM32的智能一体化智慧农业大棚设计与实现［J］．电子制作，2024，32（1）：106-108．

[5] 张春美，全钊锋，吴树添，等．基于物联网技术的智慧农业环境监测系统设计［J］．电子制作，2024，32（15）：37-40．

[6] 蔡鹏，盛晓雨，张霞．基于OneNET平台的农业大棚环境监测系统［J］．河南科技，2023，42（14）：25-30．

[7] 许博文，许晓平，李振峰，等．基于Arduino的农田智能信息监测与处理系统［J］．数据通信，2020（3）：17-19，42．

[8] 焦艳，孟祥，赵莹．基于ZigBee的农田作物信息监测系统设计［J］．华东科技，2024（10）：95-97．

[9] 范灵燕，燕越．基于物联网的农田信息监测系统设计［J］．中国仪器仪表，2024（9）：65-69．

[10] 王钧．基于LoRa的设施农业区自动气象站监测系统设计［J］．中国农机化学报，2018，39（5）：82-86．

[11] 张鹏．基于LoRa的智慧农业环境监测系统设计［J］．物联网技术，2024，14（12）：7-10，14．

[12] 胡开明，王剑强，王孚贵．基于物联网的智慧农业大棚监控系统［J］．南方农机，2024，55（22）：44-47．

[13] 雷娟．基于NB-IoT的农田环境监测系统设计与实现［J］．湖北农业科学，

2022, 61（14）：165-170.
［14］ 高云．基于 LoRa 和 NB-IoT 技术的精准农业环境远程监测研究［J］．物联网技术，2024, 14（12）：51-55.
［15］ 秦小龙，郑俊华．基于"物联网+"的智慧农业控制系统设计［J］．山西电子技术，2024（4）：50-53.
［16］ 刘万元，黄连清，黄方连，等．基于 OneNET 物联网开放平台的智慧农业监测系统设计［J］．农业科技与信息，2021（5）：82-85.
［17］ 张宇，张厚武，丁振磊，等．农业小气候数据监测站的设计与实现［J］．计算机工程与设计，2016, 37（8）：2072-2076.
［18］ 刘忠超，范灵燕，翟天嵩．基于 STM32 的农业小型气象站的设计与实现［J］．南阳理工学院学报，2020, 12（6）：69-73.
［19］ REDA, et al., On the application of IoT: Meteorological information display system based on LoRa wireless communication［J］. IETE Technical Review, 2018, 35（3）：256-265.
［20］ SABANCI, K, S E RUSEN, AYCAN KONURALP. Design of a low cost automatic meteorological weather station［J］. Journal of Engineering Research and Applied Science, 2019, 8（2）：1153-1159.
［21］ ADOGHE, et al., Smart weather station for rural agriculture using meteorological sensors and solar energy［J］. Proceedings of the World Congress on Engineering, 2017（1）：1-4.
［22］ BOTERO V, J S M MEJIA HERRERA, JOSHUA M Pearce. Low cost climate station for smart agriculture applications with photovoltaic energy and wireless communication［J］. HardwareX, 2022（11）：e00296.
［23］ HACHISUCA, ANTONIO MARCOS MASSAO, et al., AgDataBox-IoT-application development for agrometeorological stations in smart［J］. MethodsX, 2023（11）：102419.

第二章 感知系统——空气温湿度传感器设计

一、引言

空气温湿度传感器的设计与应用,为农业现代化和精准化发展提供了有力支持。随着全球人口的持续增长,对粮食的需求不断增加,提高农业生产效率和质量成为当务之急。传统的农业生产方式往往依赖经验和直觉来判断农作物的生长状况和环境需求,这种方式不仅效率低下,而且难以实现精准调控,导致资源浪费和产量不稳定。为了应对这一挑战,精准农业的概念应运而生,而空气温湿度传感器正是实现精准农业的重要工具之一。

在不同的农作物生长阶段,对空气温湿度的要求各不相同[1-3]。例如,在种子发芽期,较高的湿度和适宜的温度有助于提高发芽率;在生长旺盛期,充足的阳光和适中的温度、湿度有利于光合作用和营养物质的积累;在果实成熟期,较低的湿度和适宜的温度可以减少病虫害的发生,提高果实品质。通过实时监测空气温湿度,农民能够根据农作物的需求及时调整灌溉、通风、遮阳等措施,为农作物创造最佳的生长环境。

在设施农业中,如温室大棚和无土栽培系统,空气温湿度的控制尤为重要[4-6]。温室大棚为农作物提供了相对稳定的生长环境,但仍需要精确调控来确保最佳的生长条件。空气温湿度传感器可以与自动化控制系统相结合,实现对温室环境的智能调节。当温湿度超出设定范围时,系统自动启动通风设备、加热装置或加湿器,保持环境参数的稳定。这不仅减少了人工干预的劳动强度,还提高了生产效率和农作物的品质一致性。

在农业病虫害防治方面,空气温湿度也是一个重要的影响因素[7]。许多病虫害在特定的温湿度条件下容易滋生和传播。通过监测空气温湿度,农民可以提前采取预防措施,如调整种植密度、加强通风等,降低病虫害的发生风险。此外,当病虫害发生时,结合温湿度数据进行精准的药剂喷洒,在提高防治效果的同时,减少农药的使用量和对环境的污染。

在农业气象研究中，空气温湿度传感器也发挥着重要作用[8]。长期、连续的温湿度监测数据有助于分析气候变化对农业生产的影响，为农业种植结构调整和适应性措施的制定提供科学依据。同时，这些数据对于研究农作物与环境的相互作用关系，以及开发新的农业生产技术和品种具有重要的参考价值。

随着农业信息化和智能化的发展，空气温湿度传感器可以与物联网、大数据等技术相结合，实现远程监控和数据分析[9-12]。农民可以通过手机或电脑随时随地获取农田的温湿度信息，及时做出决策。农业科研人员也可以利用大量的监测数据进行深入研究，为农业可持续发展提供创新思路和解决方案。

二、常用的空气温湿度传感器

目前，市场上空气温湿度传感器种类繁多，如DHT11、BEM280、SHT30等。这些传感器都有着不同的特点和用途，可以满足不同的需求。

（一）DHT11温湿度传感器

DHT11是一种低成本数字温湿度传感器，广泛应用于各种环境监测系统中，能够同时测量环境的温度和湿度，输出数字信号以便于微控制器处理。其设计简单且易于使用，适合于初学者和对成本敏感的项目（图2-2-1）。

DHT11采用单总线数字信号输出，通常通过单一的数据线与微控制器通信。这种简易的接口设计为初学者的使用带来了便利，但也限制了其在复杂系统中的扩展性和灵活性。其相关特性如表2-2-1至表2-2-4所示。

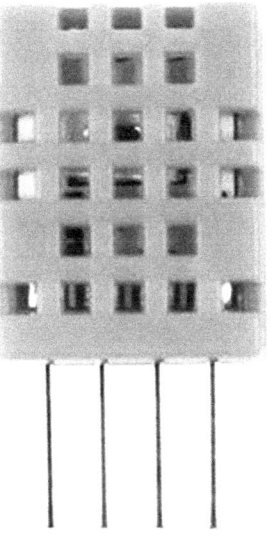

图2-2-1 DHT11传感器

表2-2-1 相对湿度性能

参数	条件	最小	类型	最大	单位
量程范围		20		90	%RH
精度	25℃		±5		%RH

（续表）

参数	条件	最小	类型	最大	单位
重复性			±1		%RH
互换性			完全互换		
响应时间	1/e（63%）		<6		s
迟滞			±0.3		%RH
漂移	典型值		<±0.5		%RH/年

表 2-2-2 湿度性能

参数	条件	最小	类型	最大	单位
量程范围		−20		60	℃
精度	25℃		±2		℃
重复性			±1		℃
互换性			完全互换		
响应时间	1/e（63%）		<10		s
迟滞			±0.3		℃
漂移	典型值		<±0.5		℃/年

表 2-2-3 电气特性

参数	条件	最小	类型	最大	单位
供电电压		3.3	5.0	5.5	V
供电电流		0.06（待机）	—	1.0（测量）	mA
采样周期	测量		>2		s/次

从表 2-2-1 可以看出，DHT11 的湿度测量范围相对较窄，适用于 20%RH～90%RH 的湿度测量范围，它的湿度测量精度约为±5%RH，响应时间小于 6s。从表 2-2-2 可以看出 DHT11 的温度测量范围为−20～60℃，测量精度在±2℃，响应时间则是在 10s 之内。从表 2-2-3 可以看出 DHT11 的采样周期大于 2s/次。

DHT11 作为一种温湿度传感器，其测量范围与精度相较于某些高性能传感器而言，并非特别突出。其体积较大，不及某些小型传感器便于安装及携带。同时，它的采样周期也相对较长，这意味着它不能实时监测温湿度变化。然而，DHT11 的价格却非常低廉，在成本敏感的应用中具有很强的竞争力。此外，DHT11 具备基础的温湿度检测功能，尽管其精确度有限，但足以应对对温湿度精度要求不高的某些应用场景。

（二）BME280 温湿度传感器

BME280 是一种具有高精度测量温湿度以及气压功能的环境传感器（图 2-2-2），它的独特之处在于将这三种功能集成于一个芯片上，因此在气象观测、室内外环境监测以及导航系统定位等众多领域得到了广泛应用。此传感器的精度高，能够为气象部门提供准确的气象数据，为环境保护部门监测空气质量，同样也可以为军事部门进行导航定位提供重要参考。

图 2-2-2　BEM280 传感器

BME280 传感器的设计理念是将复杂的传感器功能简化，通过其先进的传感器技术和数字接口，可以轻松实现对环境数据的精准获取。无论是在科学研究、工业生产还是日常生活中，BME280 都能提供稳定可靠的环境监测数据，帮助人们更好地理解和掌握自己所处的环境。

分析表 2-2-4 和表 2-2-5 中的数据可以明显地看出，BME280 传感器在湿度测量方面的性能指标。该传感器能够准确测量 0%～100% 的相对湿度，并且其测量精度保持在 ±3%RH 以内，这意味着无论环境湿度如何变化，BME280 都能提供可靠且准确的数据。此外，BME280 在温度测量方面也有出色的表现，它能够测量的温度范围宽广，从最低的 -40℃ 到最高的 85℃，而且其温度测量的精度非常高，绝对精度公差仅为 ±0.5℃。该测量范围与精度远胜于 DHT11 传感器。

BME280 作为一款高性能的环境传感器，结合了温度、湿度和气压测量功能，支持标准的 I^2C 和 SPI 数字接口并具有快速响应和多种通信接口的特点。它适用于对环境数据精度要求较高的各种应用场景，从气象监测到室内外环境监测以及导航系统中的高度测量。选择 BME280 可以确保获取精准的环境数据，满足复杂环境监测和应用需求，但其成本也会相对比较高。

表 2-2-4　湿度参数特性

参数	符号	状态	最小	类型	最大	单位
操作范围	R_H	温度<0℃和<60℃	-40 0	25	85 100	℃ %RH
供电电流	$I_{DD,H}$	1Hz强制模式,湿度和温度		1.8	2.8	μA
绝对精度公差	A_H	20%RH~80%RH, 25℃		±3		%RH
迟滞现象	H_H	10%RH→90%RH→10%RH, 25℃		±1		%RH
非线性特征	NL_H	10%RH→90%RH, 25℃		1		%RH
完成63%步骤的响应时间	$\tau_{63\%}$	90%RH→0%RH 或 0%RH→90%RH, 25℃		1		s
解释度	R_H			0.008		%RH
湿度噪音（RMS）	N_H	最高采样过密		0.02		%RH
长期稳定性	ΔH_{stab}	10%RH~90%RH, 25℃		0.5		%RH/年

表 2-2-5　温度参数特性

参数	符号	状态	最小	类型	最大	单位
操作范围	T	动态 最高精度	-40 2.0	25	85 3.65	℃ %RH
供电电流	$I_{DD,H}$	1 Hz强制模式,仅测量温度		1.0		μA
绝对精度公差	$A_{T,25}$	25℃		±0.5		℃
	$A_{T,full}$	0~65℃		±1.0		℃
非线性特征	R_T	API输出分辨率		0.01		℃
RMS平方根噪声值	N_T	最低采样过密		0.005		℃

（三）SHT30 温湿度传感器

SHT30 传感器是一款具有极高精度和稳定性的数字式温湿度传感器（图 2-2-3），它在各种需要精准检测环境参数的应用场合中扮演着至关重要的角色。这款传感器的性能指标较好，稳定性卓越，因此在众多工业和消费电子产品中被广泛采用，成为这些设备中不可或缺的一部分。无论是工业制造、科学研究，还是日常生活用品中，SHT30 传感器都以其卓越的性能和可靠性，赢得了工程师和消费者的青睐，成为众多设备优

图 2-2-3　SHT30 传感器

先选择的传感器之一。

SHT30 温湿度传感器的温度及湿度参数特性如表 2-2-6、表 2-2-7 所示。

表 2-2-6 湿度参数特性

参数	状态	值	单位
SHT30 Accuracy tolerance	Typ.	±2	%RH
	Max.	Figure 2	—
SHT31 Accuracy tolerance	Typ.	±2	%RH
	Max.	Figure 3	—
SHT35 Accuracy tolerance	Typ.	±1.5	%RH
	Max.	Figure 4	—
重复精度	Low, Typ.	0.21	%RH
	Medium, Typ	0.15	%RH
	High, Typ	0.08	%RH
分辨率	Typ.	0.01	%RH
滞后	at 25℃	±0.8	%RH
特定范围	extended	0 to 100	%RH
响应时间	$\tau_{63\%}$	8	s
Long-term drift 长期掉格	Typ.	<0.25	%RH/年

表 2-2-7 温度参数特性

参数	状态	值	单位
SHT30 Accuracy tolerance	Typ., 0~65℃	±0.2	℃
	Max.	Figure 8	—
SHT31 Accuracy tolerance	Typ., 0~90℃	±0.2	℃
	Max.	Figure 9	—
SHT35 Accuracytolerance	Typ., 0~60℃	±0.1	℃
	Max.	Figure 10	—
重复精度	Low, Typ.	0.15	℃
	Medium, Typ	0.08	℃
	High, Typ	0.04	℃
分辨率	Typ.	0.01	℃
特定范围		−40~125	℃
响应时间	$\tau_{63\%}$	>2	s
Long-term drift 长期掉格	max	<0.03	℃/年

观察表 2-2-6 和表 2-2-7 所提供的数据，可以明显地发现 SHT30 传感器在湿度测量方面的出色能力，它的测量范围很广，从干燥的 0%RH 直至湿润

的100%RH，都能准确捕捉。而在温度测量方面，SHT30的表现同样令人满意，它能够测量的温度范围非常宽泛，从极端的低温-40℃，到高温125℃，都能精确测量。其温度测量的准确度高达±0.3℃，湿度测量的准确度也非常高，为±2%RH。该测量范围与精度，与BME280传感器相比，性能更胜一筹。

此外，SHT30传感器的响应速度极快，通常在几毫秒的时间就能完成测量并输出结果，这使得它在需要快速响应的应用场景中非常适用。且SHT30还支持常见的数字接口，如I^2C和SPI，为它与各种微控制器和其他设备的通信提供了极大的便利。该传感器的体积小巧，可以被应用于多种场景中，这种灵活性和通用性使得SHT30在系统集成和应用开发中更为便捷。值得一提的是，相较于BME280，SHT30的成本要低得多，无疑为它的应用展现了更好的前景。

（四）对比总结

与DHT10传感器和BME280传感器对比，SHT30空气温湿度传感器不仅具有更大的测量范围，能够覆盖更为宽广的环境条件，同时还具备更高的测量精度，能够准确地捕捉和反映空气中的温度和湿度变化。这一系列的优势使得SHT30传感器在同类产品中脱颖而出，成为备受青睐的选择。

因此，在综合考虑各种因素后，设计中决定采用SHT30传感器作为本次实验的选型。

三、系统设计方案

本方案实现了对环境空气温度和湿度数据的采集及传输功能。数据传输采用RS-485通信协议，该协议因其长距离传输能力和强大的抗干扰性能而被选用。同时，系统统一采用Modbus-RTU协议，此举旨在简化系统架构，增强数据传输的可靠性和一致性。因此，实验前需要设计一套完整方案，将SHT30传感器的I^2C传输方式转换为RS-485传输方式，并通过RS-485总线将数据传输给主机。

本次方案的总体设计思路是使用微控制器（MCU）进行数据的协议转换。具体来说，MCU将充当从机设备，通过I^2C接口与SHT30温湿度传感器进行数据交互，读取其测量的温度和湿度值。在此基础上，MCU作为从机设备，与上位机主机之间通过RS-485接口进行通信，采用MODBUS协议进行数据传输。

MCU 通过 I²C 协议与 SHT30 温湿度传感器进行通信，定期（或根据需要）发起请求以获取当前的温度和湿度数据。SHT30 能够提供高精度的环境监测，MCU 将有效地读取这些数据并进行缓存。

获取温湿度数据后，MCU 将对数据进行处理和格式转换，以适应 MODBUS 协议的数据结构。此过程包括将温度和湿度的原始数据转换为合适的寄存器格式，以便于主机能够识别和解析。

MCU 作为 MODBUS 从机，将通过 RS-485 串行通信接口与主机进行连接。主机可以使用 MODBUS RTU 或 MODBUS ASCII 协议来发送请求。MCU 将在接收到来自主机的请求后，依据 MODBUS 协议的要求进行相应的反馈，通过响应包含温湿度数据的消息帧。

整体的系统框图如图 2-3-1 所示。

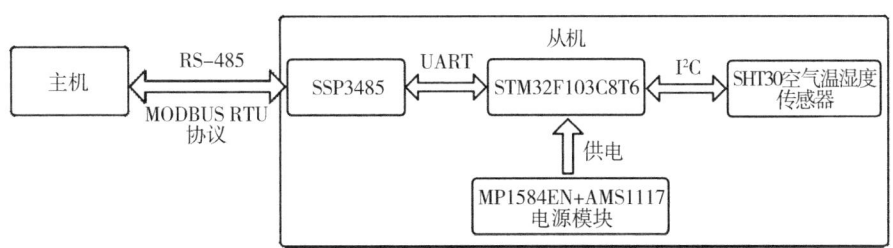

图 2-3-1　系统设计框图

四、系统硬件设计

（一）电源模块

实验所采用电源模块由 MP1584EN-LF-Z 模块和 AMS1117-3.3V 模块两个部分共同构成。其中，MP1584EN-LF-Z 模块是一种电源管理集成电路，具有高效率和低功耗的特点，主要负责为实验设备提供稳定的电源输出。而 AMS1117-3.3V 模块则是一种线性稳压器，其主要功能是将输入电压调整为 3.3V，为实验设备中的低电压组件提供稳定的电源。这两个模块的合理搭配，能确保实验过程中电源的稳定性和可靠性，为实验的顺利进行提供保障。

1. 12~24V 转 5V 模块（MP1584EN-LF-Z）

MP1584EN-LF-Z 是一款高效同步降压稳压器芯片，能够以高效率将输入电压降低到较低的输出电压，适用于电池供电和其他低电压应用。通常支持较宽的输入电压范围，使其在不同的电源条件下工作，通过外部元件（如电感和电阻）调节输出电压，以满足不同电路的需求。通常具有过流保护、过温保护和短路保护等功能，以保护芯片和外部电路免受损坏。一般采用小型封装，有利于集成到空间有限的应用中。

MP1584EN-LF-Z 的输出电压公式：

$$V_{out} = V_{FB}\frac{(R1+R2)}{R2} \qquad (2-4-1)$$

其中，V_{FB} 为 0.8V，当 MP1584 处于空载状态时，在输出端会有来自高端 BS 电路的电流约为 20μA。为了吸收这少量的电流，将 $R2$ 保持在 40kΩ 以下。$R2$ 的典型值为 40.2kΩ。根据 $R2$、$R1$ 可以由下式确定：

$$R1 = 50.25 \times (V_{out} - 0.8) \text{ kΩ} \qquad (2-4-2)$$

具体而言：如需要 MP1584EN 芯片输出 5V 电压，由上述公式可算出 $R1$ 为 211kΩ；这里的 $R1$ 和 $R2$ 是指芯片加在 FB 引脚上的两个电阻，即图 2-4-1 中的 $R3$ 和 $R6$。确定了 $R3$ 和 $R6$ 的阻值就得到了 5V 电压，为 SSP3485 芯片和 SHT30 芯片供电。在电源输入端加入了二极管保护电路，在输出端加入 LED 灯来作为电源指示灯。MP1584EN 引脚说明如表 2-4-1 所示，具体的电路设计可以参考数据手册中的典型电路以及引脚说明，原理图设计如图 2-4-1 所示。

表 2-4-1　MP1584EN 引脚说明

引脚	名称	描述
1	SW	开关节点。这是高边开关的输出，需要一个低正压肖特基二极管接地，二极管必须靠近 SW 引脚，以减少开关尖峰
2	EN	启用输入。将此引脚拉至指定阈值以下会关闭芯片。将其拉高到指定阈值以上或保持浮动状态即可启用芯片
3	COMP	补偿。该节点是误差放大器的输出。控制环路频率补偿应用于此引脚
4	FB	反馈。这是误差放大器的输入。输出电压由连接在输出端和 GND 之间的电阻分压器设置，0.8V
5	GND	接地。应尽可能靠近输出电容器连接，以缩短大电流开关路径。将裸露焊盘连接到 GND 平面以获得最佳热性能
6	FREQ	开关频率程序输入。将电阻器从该引脚接地以设置开关频率
7	VIN	输入电源。这为所有内部控制电路供电，包括 BS 稳压器和高侧开关。必须将一个去耦电容放置在靠近该引脚的位置，以较大限度地减小开关尖峰

(续表)

引脚	名称	描述
8	BST	启动。这是内部浮动高侧 MOSFET 驱动器的正电源。在此引脚和 SW 引脚之间连接旁路电容

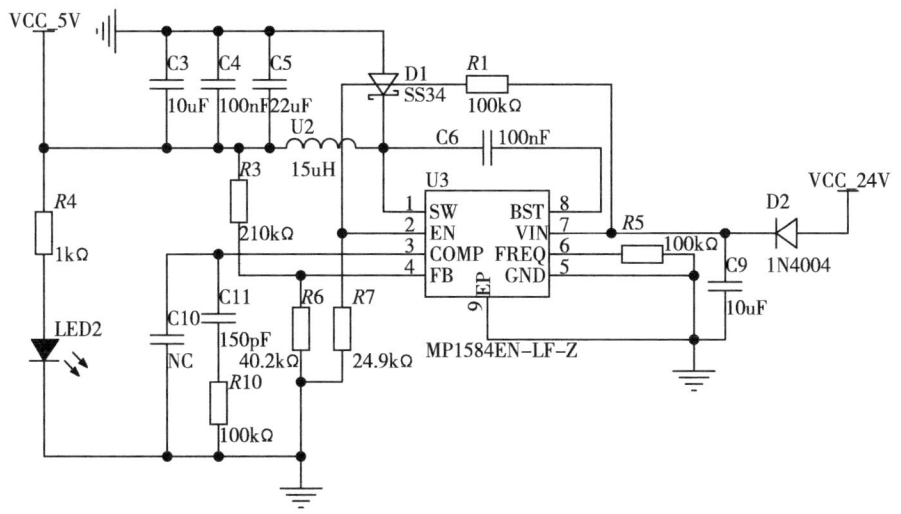

图 2-4-1　MP1584EN-LF-Z 电路

2. 5V 转 3.3V 模块（AMS1117-3.3V）

AMS1117-3.3V 是一种线性稳压器芯片，能够将输入电压稳定输出为 3.3V，适用于需要稳定低电压的电子电路。不需要外部元件（如电感或电阻）即可工作，在设计和应用上非常简便。它具有过载保护功能，可以保护芯片和外部电路不受损坏，采用小型 SOT-223 封装，适合空间有限的应用场合，由于采用线性稳压器设计，成本相对较低，适合本次设计的电源管理需求。

AMS1117-3.3V 将 5V 转为 3.3V 电压为单片机 STM32f103C8T6 和空气温湿度传感器 SHT30 供电，其原理图设计如图 2-4-2 所示。

（二）STM32F103C8T6 单片机

实验选择 STM32F103C8T6 单片机作为核心处理器，STM32F103C8T6 是由意法半导体公司（ST）推出的一款高性能、低功耗的 32 位微控制器，采用 ARM Cortex-M3 内核。它广泛应用于各种嵌入式系统中，因其出色的性能和

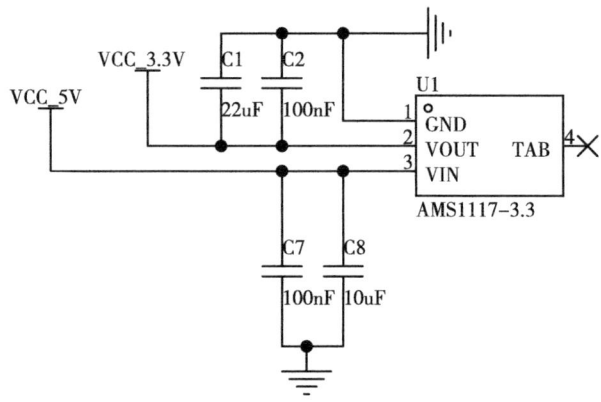

图 2-4-2　AMS1117-3.3V 电路

丰富的外设功能而备受开发者青睐。

该微控制器主频可达 72MHz，配备 64kB 的闪存和 20kB 的 SRAM，适合处理复杂的应用程序和算法。STM32F103C8T6 具有多达 5 个 GPIO 端口，每个端口最多 14 个引脚，为用户提供了丰富的 IO 接口和灵活的外设连接能力。

在通信接口方面，它支持多种标准，包括 3 个 SPI 接口、2 个 I^2C 接口和 2 个 UART 接口，以及 USB2.0 全速设备接口，适用于各种数据传输和通信需求。此外，该控制器还集成了 2 个 12 位 ADC 和多个定时器，支持精确的模拟和时序控制。

STM32F103C8T6 的硬件特性不仅限于通用输入输出和通信接口，还包括多种电源管理和睡眠模式，以优化功耗和延长电池寿命，非常适合低功耗要求的应用场景。

在应用方面，STM32F103C8T6 广泛应用于工业控制、消费电子、医疗设备、汽车电子、家庭自动化等领域。它能够处理复杂的实时任务和数据处理，支持各种传感器数据采集和处理系统，为开发者提供了强大的功能和灵活的系统集成能力。

STM32F103C8T6 的最小系统的时钟源由外接的两个晶体振荡器（8MHz 和 32MHz）提供，调试接口采用的是 SWD（Serial Wire Debug）接口，用于程序下载和调试。为了防止资源的浪费，将没有用到的引脚通过排引出来留作备用，在芯片电源处加了电容进行滤波处理，保证输入电源的稳定性。其最小系统设计如图 2-4-3 所示。

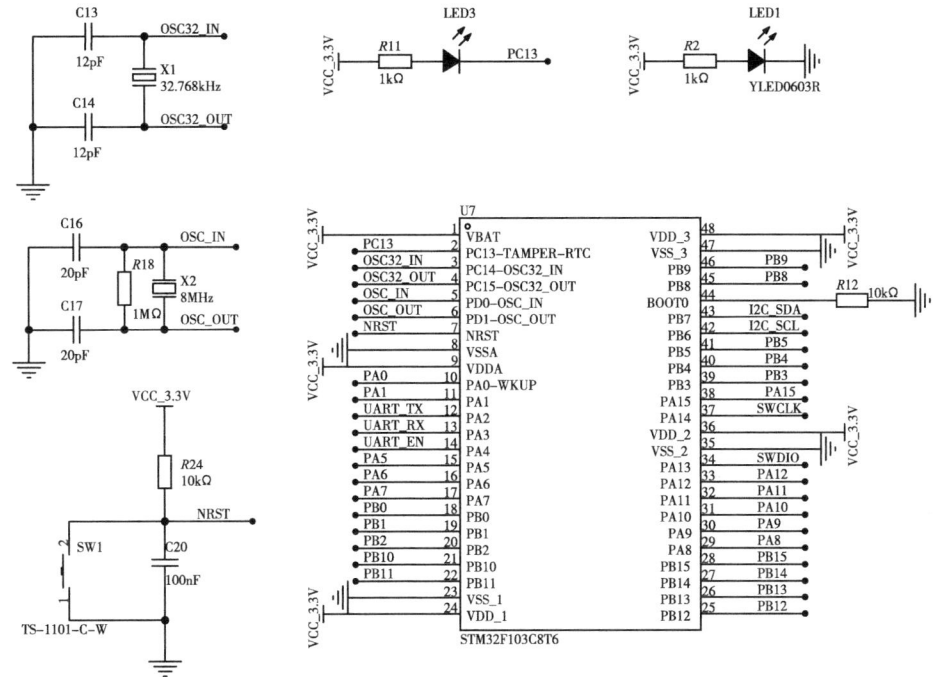

图 2-4-3　STM32F103C8T6 单片机最小系统电路

（三）SHT30 温湿度传感器

实验的温湿度传感器使用 SHT30，SHT30 由瑞士 Sensirion 公司设计制作，以其高精度、低功耗和数字输出等特点在环境监测领域受到广泛应用。该传感器通过 I^2C 或 SMBus 接口输出数据，温度测量精度达到±0.3℃，湿度测量精度为±2%RH，精确度高，适合各种对环境数据要求严格的应用。

SHT30 功耗低，在测量模式下电流消耗为 130μA，休眠模式下电流消耗仅 3μA，适应长时间运行和高性价比系统的需求。其响应时间快，可以迅速对环境变化作出反应，非常适合需要即时反馈控制的场合。

此外，SHT30 体积小巧，容易集成到不同的设备中。广泛适用于室内环境监测、气象站、智能家居设备、农业和工业控制等众多领域。Sensirion 公司注重产品质量和使用稳定性，经过严格测试的 SHT30 确保了传感器在不同工作条件下的可靠性和稳定性，它提供的准确数据为检测和调节环境条件提供了坚实的基础。

SHT30 的引脚说明如表 2-4-2 所示，SHT30 与 STM32F103C8T6 单片机之

间的传输协议为 I²C，在时钟线和数据线上加上拉电阻保证信号传输的稳定性，在电源输入电加上 0.1uF 滤波电容保证电源输入的稳定性，其原理图如图 2-4-4 所示。

表 2-4-2　SHT30 引脚说明

引脚	名称	描述
1	SDA	串行数据；输入/输出
2	ADDR	地址引脚；输入；连接到逻辑高电平或低电平；不要悬空
3	ALERT	指示报警状态；输出；如果未使用，必须保持浮空状态
4	SCL	串行时钟；输入/输出
5	VDD	电源电压；输入
6	nRESET	复位引脚低电平有效；输入；如果不使用，建议保持浮空状态，可以连接到 VDD
7	R	无电气功能；连接到 VSS
8	VSS	地

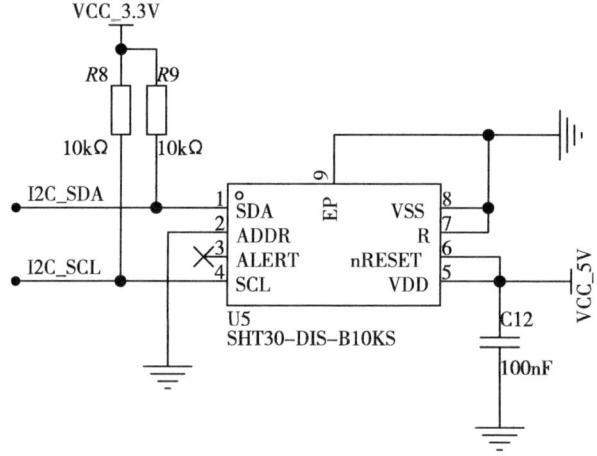

图 2-4-4　SHT30 温湿度传感器电路

（四）SSP3485 收发器

SSP3485 是一款适用于 RS-485 和 RS-422 通信标准的半双工高速收发器，它集成了一个驱动器和一个接收器。这款收发器的设计考虑到了失效保护电路，以确保其在各种环境下都能稳定工作。其驱动器具有低摆率特性，这使得它能够降低电磁干扰（EMI），并且还能减少由于不恰当的终端匹配电缆引起的信号反射。这些特性使得 SSP3485 能够实现高达 10Mbps 的数据传输速率，并且保证数据传输的准确性。

此外，SSP3485 还具备了 +15kVESD 静电放电防护功能，这使得它能够抵御来自外界的静电干扰，从而保护设备免受损害。其接收器的输入阻抗为 1/8 单位负载，这意味着总线上可以挂接多达 256 个收发器，大大提高了系统的扩展性。

SSP3485 的引脚说明如表 2-4-3 所示，根据 SSP3485 数据手册进行电路图的设计，在电源输入端加 LED 灯方便观察芯片电源是否正常供电，在 RO 和 DI 端加上 LED 灯，电平每变化一次，LED 灯就闪烁一次，可以更直观地观察到信号传输。

表 2-4-3 SSP3485 引脚说明

引脚	符号	功能	属性
1	RO	接收器输出端： 如果 A-B≥-0.05V，则 RO 为高电平； 如果 A-B≤-0.2V，则 RO 为低电平； 如果 A 和 B 悬空或短接，RO 也为高电平	O
2	$\overline{RE}$	接收器输出使能： $\overline{RE}$ 为低电平时，RO 被使能； $\overline{RE}$ 为高电平时，RO 处于高阻抗	I
3	DE	驱动器输出使能： 通过将 DE 拉高，驱动器的输出端 Y 与 Z 被使能； 当 DE 为低电平时它们处于高阻抗	I
4	DI	驱动器输入端： DI 为低电平，A 为低电平，B 为高电平； DI 为高电平，A 为高电平，B 为低电平	I
5	GND	接地	
6	A	接收器的输入端与驱动器的输出端	I/O
7	B	接收器的输入端与驱动器的输出端	I/O
8	VDD	电源	

SSP3485 工作电压为 5V，而 STM32F103C8T6 的引脚工作电压为 3.3V。为了保护 STM32 芯片，在 RO 引脚输出时，在 RO 端连接一个三极管。当 RO 输出高电平时，三极管导通，STM32 引脚便能监测到 3.3V 的高电平信号；而当 RO 输出低电平时，三极管截止，此时 STM32 引脚将检测到低电平信号。这样不仅有效地实现了电平转换，也保护了 STM32 芯片的输入引脚。在芯片的 RO 和 DI 端加上拉电阻来保证输出信号的稳定性，在输出的两端会接电阻进行阻抗匹配，消除由于不匹配在线路上产生的信号反射一般为 100~150Ω，在这里用 120Ω 电阻。其原理图设计如图 2-4-5 所示，设计的 3D 图如图 2-4-6 所示。

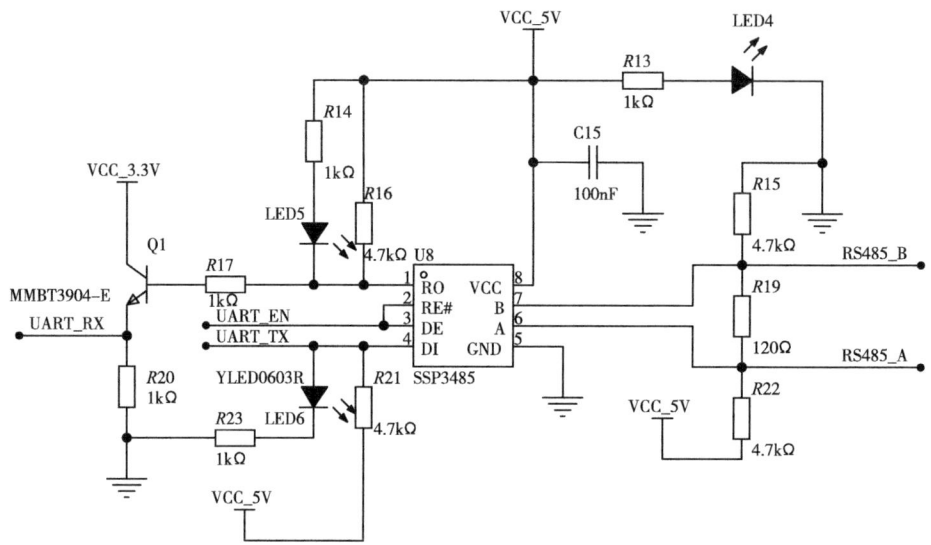

图 2-4-5　SSP3485 电路

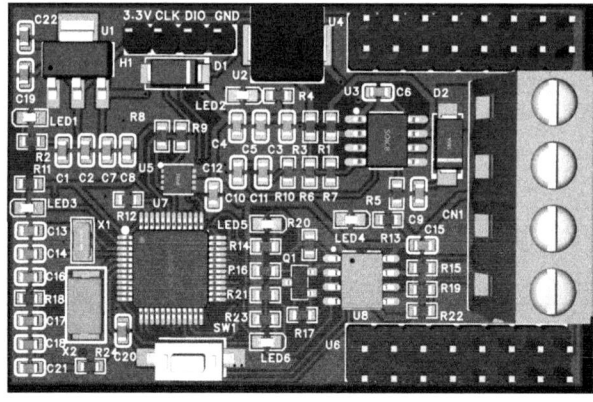

图 2-4-6　硬件电路 3D 图

五、系统软件设计

设计软件采用 STM32CubeMX 和 μVision，系统开发环境为 MDK-ARM，STM32CubeMX 与 μVision 是两款在嵌入式系统开发中常用的工具，分别由 ST 和 ARM 提供，它们可以结合使用以加快开发过程并提高系统的可靠性和效率。STM32CubeMX 和 μVision 结合使用有很大的优势。

STM32CubeMX 提供了直观的图形化界面，帮助开发人员配置 STM32 微控制器的引脚分配、时钟设置及外设配置。它能自动生成初始化代码，包括 HAL 库的配置和必要的中间层代码，极大简化了起步过程和基本代码的编写。

μVision 是一款强大的集成开发环境（IDE），支持多种编译器，如 ARM Compiler 和 GCC。它能够与 STM32CubeMX 生成的代码无缝集成，提供全面的编辑、调试和分析功能。开发人员可以使用 STM32CubeMX 进行初步的硬件配置和代码生成，然后将生成的工程文件导入 μVision 中进行进一步的应用逻辑开发和调试。这种分工明确的工作流程有效提升了开发效率，尤其适用于大型或复杂项目。

STM32CubeMX 支持所有 STM32 系列微控制器，随着新型号的推出会及时更新以支持最新的硬件特性和外设。这保证了开发人员在选择和配置微控制器时的灵活性和可靠性。μVision 的强大编辑和调试功能与 STM32CubeMX 生成的代码完美兼容，开发人员可以利用 μVision 提供的高级调试工具，如实时变量监视、事件跟踪和性能分析，快速定位和解决问题。

首先使用 STM32CubeMX 进行初始化配置，选择适合的 STM32 微控制器型号，配置引脚分配、时钟树和外设参数。生成初始化代码并导出工程文件，选择 μVision 作为目标 IDE。然后在 μVision 中导入 STM32CubeMX 生成工程文件，编写应用程序逻辑，添加必要的功能模块和驱动程序。最后使用 μVision 提供的调试工具进行代码调试、性能分析和错误修复。

（一）从机程序实现

作为从机，MCU 的主要任务是执行以下三个核心操作：定期采集 SHT30 传感器的温湿度数据；通过软件模拟寄存器并把数据存在模拟寄存器中以便与主机通过 MODBUS-RTU 协议进行通信；等待并响应主机的指令。

首先对 SHT30 进行初始化并且读取数据，对读取的数据进行 CRC 校验，校验成功后将数据保存在模拟寄存器中。在模拟寄存器中地址为 0x00 中存放 MCU 的地址 0x01；地址为 0x01 中存放温度数据；地址为 0x02 中存放湿度数据。

当收到主机的通信请求时，MCU 首先会对请求帧进行 CRC 校验，以确保数据的完整性。如果校验失败，MCU 将立即生成并发送一个错误响应帧给主机。如果 CRC 校验成功，MCU 将继续解析请求帧中的功能指令码。

如果功能指令码指示主机请求读取模拟寄存器的数据，MCU 将检查指令中提供的起始地址和读取数据长度是否有效。有效性检查包括验证起始地址是否在允许的范围内，以及读取的数据长度是否符合预设的限制（例如不超过寄存器总数）。如果地址和长度都有效，MCU 将从指定起始地址开始读取数据，并将这些数据通过通信接口发送回主机。

如果功能指令码指示主机想要写入数据到模拟寄存器中来更改某个地址的值，MCU 将检查指令中提供的写入寄存器地址是否有效。有效性检查包括验证地址是否在允许的范围内，并且确保该地址是可写的。如果地址有效，MCU 将根据指令将相应的数据写入指定的寄存器地址，从而更新寄存器中的值。

从机程序的流程图如图 2-5-1 所示。

1. 配置 STM32CubeMX

第一步：创建项目

首先打开 STM32CubeMX 软件，中间有三个选项，第一个选项代表选择一款 MCU 创建项目；第二个选项代表选择一款官方提供的开发板创建项目；第三个选项代表从软件中自带的示例中创建项目。选择第一个选项，点击 ACCESS TO MCU SELECTOR 创建一个新的项目，如图 2-5-2 所示。

第二步：选择 MCU

在搜索框输入本次项目要用的单片机 STM32F103C8T6，双击即可，如下图 2-5-3 所示。

当选择好 MCU 之后，会默认进入芯片引脚配置 Pinout&Configuration 的界面，左边是选择栏，可以在这里配置我们的引脚的工作模式，右边是芯片的引脚图，直观地展示了芯片的引脚分布。如图 2-5-4 所示。

第三步：选择下载和调试模式

下载和调试功能是在开发嵌入式系统时常用的功能，尤其是在使用 STM32 系列微控制器时。

在 System Core 下的 SYS 配置页面中，Debug 选项有以下几个选择：

No Debug：选择此选项将完全禁用调试功能。适用于产品开发完成后，不再需要调试。

Serial Wire：启用串行线调试接口。这是一种常见的低引脚数调试接口，通常使用两个引脚：SWDIO（数据线）和 SWCLK（时钟线）。大部分开发板和调试适配器都支持 SWD 接口，适用于大多数开发场景。

JTAG：启用传统的 JTAG 调试接口，使用五个引脚进行调试：TCK（时钟）、TMS（模式选择）、TDI（数据输入）、TDO（数据输出）和可选的 TRST（复位）。适用于需要使用 JTAG 接口进行调试的情况。

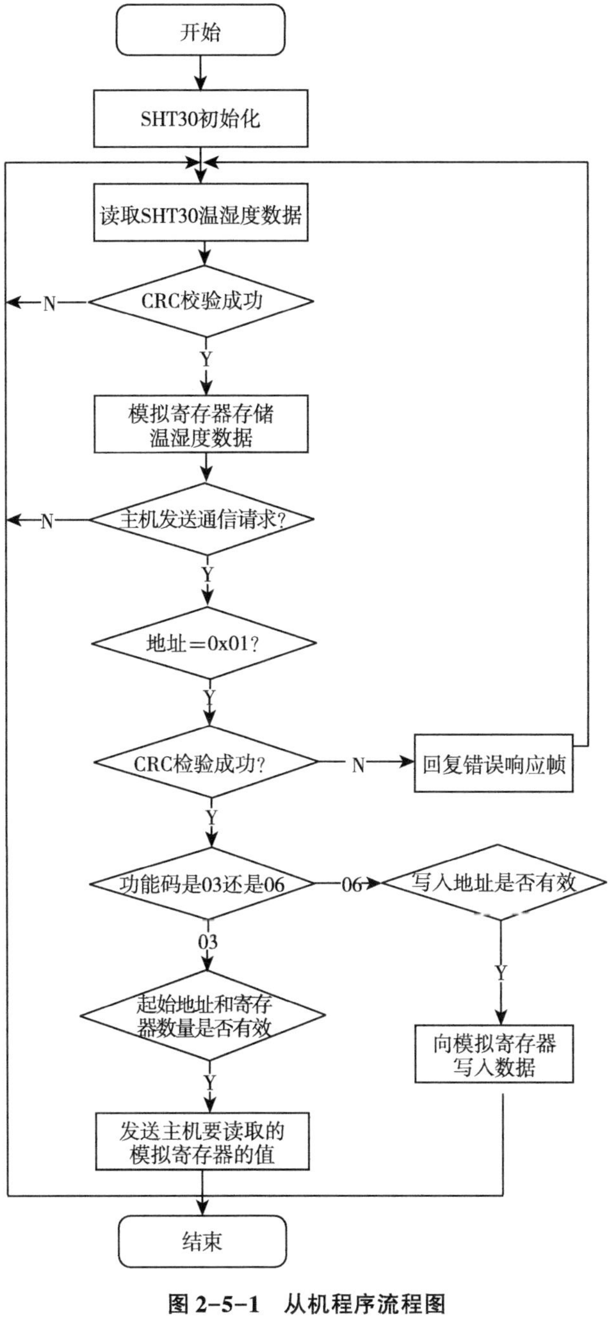

第二章 感知系统——空气温湿度传感器设计

图 2-5-1　从机程序流程图

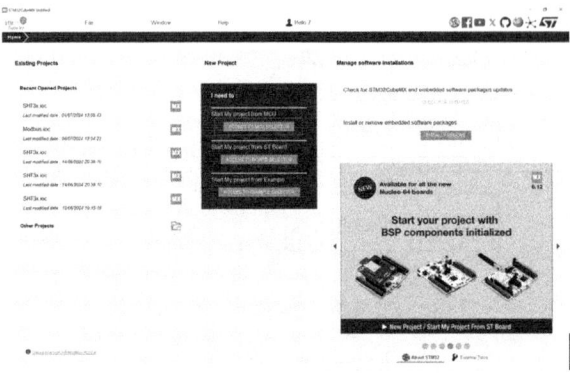

图 2-5-2　创建项目

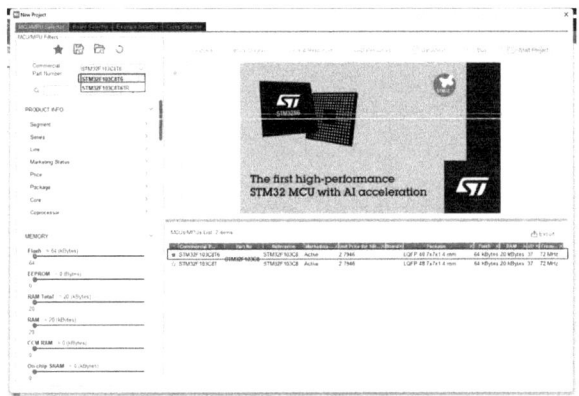

图 2-5-3　选择芯片

图 2-5-4　芯片引脚配置界面

第二章 感知系统——空气温湿度传感器设计

在硬件电路设计的程序下载调试接口是 SWD（Serial Wire Debug）接口，在 System Core 下 SYS 中的 Debug 选择 Serial Wire 模式，具体如图 2-5-5 所示。

图 2-5-5　选择下载模式

第四步：选择时钟源和配置时钟树

STM32 微控制器的时钟系统是整个芯片运行的核心，它决定了各种外设和 CPU 的运行速度。理解并正确配置 STM32 的时钟系统是非常重要的。在 System Core 下 RCC 配置页面配置高速时钟源（High Speed Clock）和低速时钟源（Low Speed Clock）。其中 Disable 代表不使能时钟源。BYPASS Clock Source 代表直接使用外部信号作为系统的时钟源，而不是通过外部晶体振荡器。Crystal/Ceramic Resonator 指使用晶体振荡器或陶瓷谐振器作为外部时钟源，具有高精度和稳定性的特点。在硬件电路设计时在 MCU 的外部设计了晶振作为时钟源，所以这里将外部时钟源打开即可，如图 2-5-6 所示。

点击 Clock Configuration 选项配置时钟树，在 System Clock Mux 中选择 PLLCLK；在 PLL Source Mux 中选择 HSE 作为 PLL 的输入时钟源。配置 PLL 的倍频系数：在 PLLMUL 中选择 9（即 9 倍频，8MHz × 9 = 72 MHz）。确保 PLLCLK 输出频率为 72 MHz。配置 AHB 总线时钟（HCLK）：在 AHB Prescaler 中选择 1（即不分频，HCLK = SYSCLK），配置 APB1 和 APB2 总线时钟（PCLK1 和 PCLK2）：在 APB1 Prescaler 中选择 2（即 2 分频，PCLK1 = HCLK／2 = 36 MHz，STM32F103 系列中 APB1 最大频率为 36 MHz）。在 APB2 Prescaler 中选择 1（即不分频，PCLK2 = HCLK = 72 MHz，APB2 最大频率为 72 MHz）。如图 2-5-7 所示。

图 2-5-6 选择时钟源

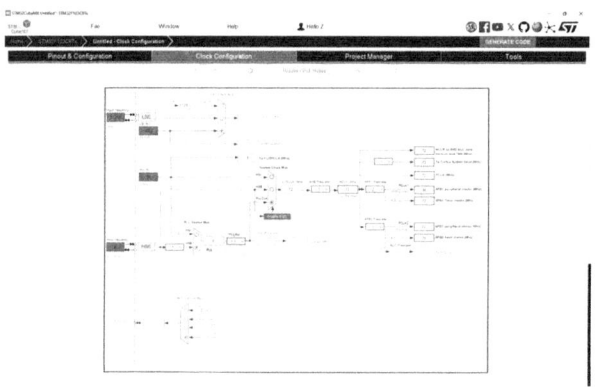

图 2-5-7 配置时钟树

第五步：配置 I^2C

MCU 与温度传感器 SHT30 之间是通过 I^2C 进行通信的，所以需要配置 I^2C，在 Pinout&Configuration 选项卡中点击 Connectivity 展开列表。这个选项用来配置 MCU 不同的通信外设，这些外设通常用于与其他设备或模块进行数据通信。这里我们选择 I^2C1 通道，将 I^2C1 使能，点击 Parameter Settings 配置页面，通常有以下几个配置选项：

I^2C Speed Mode：用来选择 I^2C 工作模式。

I^2C Clock Speed（Hz）：这个选项用于设置 I^2C 的通信速率，通常以千赫兹（kHz）为单位。常见的速率设置包括标准模式（100 kHz）和快速模式（400 kHz）。

Clock No Stretch Mode：这个选项用于控制是否启用 No Stretch 模式。在 No Stretch 模式下，从设备不会通过拉伸时钟线来延迟时钟信号，这有助于确保通信的实时性。

Primary Address Length Selection：这个选项用于设置 I²C 设备的寻址模式，例如 7-bit 或 10-bit 寻址。7-bit 寻址是最常见的模式，它允许使用 7 位地址来识别连接到 I²C 总线上的设备。

Dual Address Acknowledged：某些微控制器支持双地址模式，这个选项允许用户配置第二个 I²C 地址，以增加寻址的灵活性。

Primary slave address：在选择了寻址模式后，这个选项允许用户设置设备的自身地址。这是 I²C 主设备在通信过程中识别自身或从设备的地址。

General Call address detection：这个选项用于启用或禁用通用调用地址。当启用时，设备会响应通用调用地址（通常为 0x00），这允许同时寻址所有连接到 I²C 总线上的设备。

使用默认配置即可，如图 2-5-8 所示。

图 2-5-8　配置 I²C

第六步：配置 USART

在硬件设计上通过 USART2 接口与 SSP3485 进行通信。这里在 Pinout&Configuration 选项卡中点击 Connectivity 展开列表，选择 USART2 接口。在 Mode 下选择 Asynchronous 模式，点击 Parameter Settings 配置页面，通常有以下几个配置选项：

Baud Rate：配置波特率。

Word Length：设置每个数据位的长度。

Parity：选择是否启用校验。

Stop Bits：设置停止位。

Data Direction：设置数据传输方向。

Over Sampling：通常保留为16，这可以提高波特率的稳定性。

波特率选择9600，其他配置保持默认即可，如图2-5-9所示。

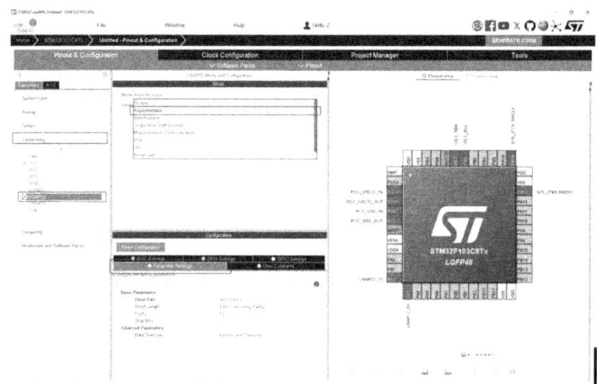

图2-5-9 配置USART2

在使用USART接收数据（USART_RX）时，结合DMA（Direct Memory Access）可以高效地处理大量数据，而无需CPU的持续干预可以显著提高数据传输的效率。通过配置DMA通道和使用HAL库提供的函数，可以轻松实现无阻塞的数据传输。在配置USART2的页面下找到DMA Settings选项卡，点击Add，选择USART2_RX，并配置以下参数：

DMA Channel：选择DMA1 Channel6。

Direction：选择Peripheral To Memory（外设到内存）。

Priority：设置优先级（Medium）。

Mode：选择Normal模式。

Increment Address：选择内存递增，收到的数据依次在内存当中。

Data Width：数据宽度选择Byte，8位。

具体如图2-5-10所示。

第七步：配置IO口

选择PA4引脚来控制SSP3485收发器的收发使能；在右边Pinout view中找到PA4引脚，左键点击可以配置PA4引脚，可以看到将PA4引脚配置成

第二章 感知系统——空气温湿度传感器设计

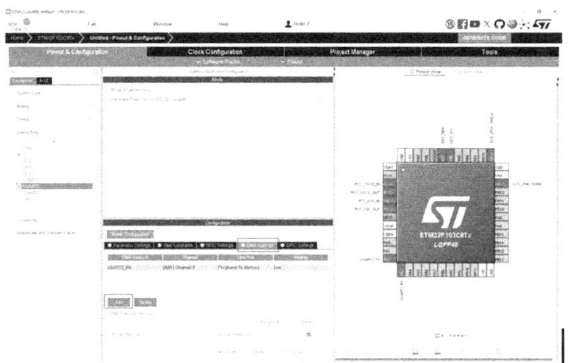

图 2-5-10　USART2_RX 的 DMA 配置

ADC1_IN4、SPI1_NSS、GPIO_Input 等功能。这里配置成 GPIO_Output 输出引脚。点击 GPIO 中的 PA4 选项弹出 PA4 引脚的配置选项，如图 2-5-11 所示。

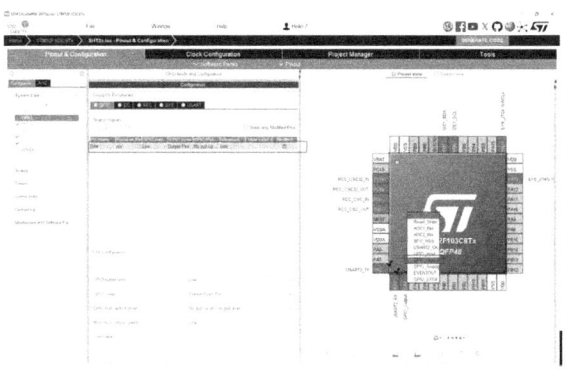

图 2-5-11　配置 GPIO

GPIO output level：选择初始输出电平，系统设计需要 SSP3485 芯片默认处于接收信号的工作模式，所以这里选择 Low（低电平）。

GPIO mode：可以选择 Output Push Pull 推挽输出或者 Output Open Drain 开漏输出。推挽输出可以输出高电平或低电平，具有较强的驱动能力，既能驱动高电平负载，也能驱动低电平负载；开漏输出只能输出低电平或者高组态（浮空状态），驱动低电平能力较强，但驱动高电平的能力依赖于外接上拉电阻和电源。系统设计需要 PA4 引脚既可以驱动高电平也可以驱动低电平，所以这里选择推挽输出。

GPIO Pull-up/Pul-down：选择是否启用上拉或下拉电阻。这里两者都不

· 31 ·

需要选择（No pull-up and no pull-down）。

Maximum output speed：选择 GPIO 输出的最大速度，设置为 Low 即可。

User Label：为 GPIO 引脚设置一个用户标签，便于在代码中识别。

至此 STM32CubeMX 基本配置就配置完成了，在右边的芯片模型上显示如图 2-5-12 所示。

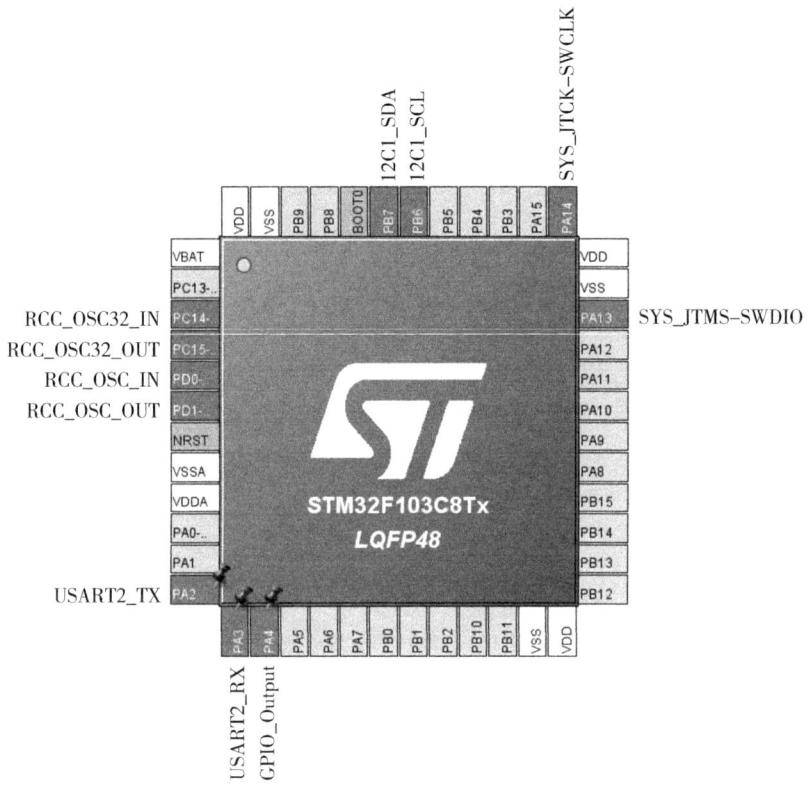

图 2-5-12　芯片引脚图

第八步：生成代码

在 Project Manager 中填写项目名称，由于要在 μVision 提供的 MDK-ARM 开发环境中编写代码，所以在 Toolchain/IDE 选择 MDK-ARM，最后点击右上方 GENERATE CODE 生成代码即可，如图 2-5-13 所示：

2. 在 μVision 中编写代码

在 main.c 文件中编写以下代码：
#include "main.h"

第二章　感知系统——空气温湿度传感器设计

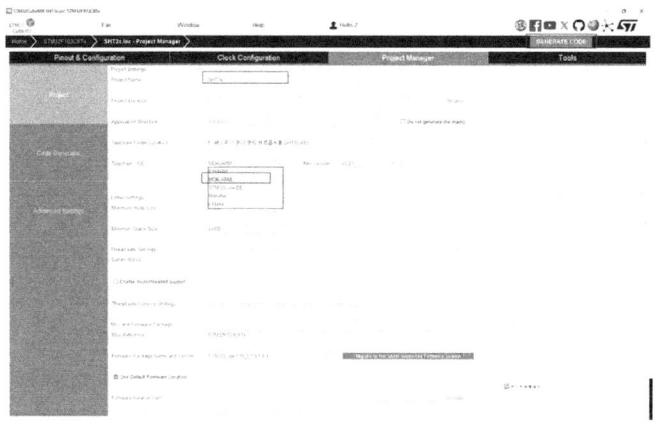

图 2-5-13　生成项目

```
#include "dma.h"
#include "i2c.h"
#include "iwdg.h"
#include "usart.h"
#include "gpio.h"

voidSystemClock_Config(void);

#define    SHT30_ADDR_WRITE    0x44<<1        //10001000
#define    SHT30_ADDR_READ     (0x44<<1)+1    //10001011
#define MAX_BUFFER_SIZE 256

uint8_t Address=0x0001;    //从设备地址

uint8_t recv_dat[6]={0};           //接受温湿度数据的数组
uint8_t uart2_rec_buf[MAX_BUFFER_SIZE];    //接收缓冲区
uint16_t holding_registers[3]={0x0001,0x0002,0x0003};    //模拟保持寄存器,地址、温度数据、湿度数据
```

　　这段代码的功能主要是引入必要的库文件和定义一些常量以及数据接收缓冲区,这些定义和缓冲区将用于配置和操作各种外设,并处理来自传感器或其他设备的数据。

· 33 ·

SHT30_ADDR_WRITE 和 SHT30_ADDR_READ，分别用于设置与 SHT30 传感器通信时的 I^2C 地址。根据 I^2C 的地址规范，读写地址通过左移或加 1 来设置。

Address 表示 MCU 模拟的从设备的地址为 0x0001。

从 SHT30 读取的温湿度数据总共长 6 字节，这里 recv_dat［6］数组长度设为 6，用于存储从传感器接收到的温湿度数据。其中 recv_dat［0］存温度数据的高 8 位；其中 recv_dat［1］存温度数据的低 8 位；recv_dat［2］为温度数据的 CRC 校验码；recv_dat［3］存湿度数据的高 8 位；recv_dat［4］存湿度数据的低 8 位；recv_dat［5］是湿度数据的 CRC 校验码。

MAX_BUFFER_SIZE 表示接收来自 RS-485 通信的数据时所用缓冲区的长度。uart2_rec_buf［MAX_BUFFER_SIZE］数组长度为 256，用于存储从 RS-485 总线接收到的数据。

holding_registers［3］定义了一个包含 3 个元素的 16 位无符号整数数组，用于模拟保持寄存器，其中第一个元素是地址，后两个元素是温度和湿度数据。

```
typedefenum
{
        /*软件复位命令 */

        SOFT_RESET_CMD=0x30A2,
        /*单次测量模式 */
        HIGH_ENABLED_CMD        =0x2C06,
        MEDIUM_ENABLED_CMD      =0x2C0D,
        LOW_ENABLED_CMD         =0x2C10,
        HIGH_DISABLED_CMD       =0x2400,
        MEDIUM_DISABLED_CMD=0x240B,
        LOW_DISABLED_CMD        =0x2416,

        /*周期测量模式    */
        HIGH_0_5_CMD    =0x2032,
        MEDIUM_0_5_CMD=0x2024,
        LOW_0_5_CMD     =0x202F,
        HIGH_1_CMD      =0x2130,
```

```
    MEDIUM_1_CMD      = 0x2126,
    LOW_1_CMD         = 0x212D,
    HIGH_2_CMD        = 0x2236,
    MEDIUM_2_CMD      = 0x2220,
    LOW_2_CMD         = 0x222B,
    HIGH_4_CMD        = 0x2334,
    MEDIUM_4_CMD      = 0x2322,
    LOW_4_CMD         = 0x2329,
    HIGH_10_CMD       = 0x2737,
    MEDIUM_10_CMD     = 0x2721,
    LOW_10_CMD        = 0x272A,
    /*周期测量模式读取数据命令*/
    READOUT_FOR_PERIODIC_MODE = 0xE000,
} SHT30_CMD;
```

这段代码通过枚举类型 SHT30_CMD 集中定义了与 SHT30 传感器通信和控制相关的多个命令常量。其中包括软件复位命令：用于发送软件复位命令给 SHT30 传感器。单次测量模式：分别对应高、中、低精度的单次测量模式。周期测量命令：用于设置不同周期（0.5s、1s、2s、4s、10s）的周期测量模式。

这样有助于提高代码的可读性和可维护性，使得在程序中使用这些命令时更加直观和易于理解。每个命令常量都对应一个唯一的十六进制值，用于与传感器进行通信和配置不同的操作模式和功能。可以根据不同的需求向 SHT30 发送指令。

```
/*向SHT30发送一条指令*/
static uint8_t    SHT30_Send_Cmd( SHT30_CMD cmd)
{
    uint8_t cmd_buffer[2];
    cmd_buffer[0] = cmd>>8;
    cmd_buffer[1] = cmd;
    return HAL_I2C_Master_Transmit( &hi2c1, SHT30_ADDR_WRITE, ( uint8_t * ) cmd_buffer, 2, 0xFFFF);
}
```

这个函数通过 I²C 接口向 SHT30 传感器发送一个命令。它将 SHT30_CMD

类型的命令参数 cmd 分割成高字节和低字节,然后将这些字节作为数据通过 I²C 总线发送给传感器。可以确保传感器能够按照预期执行特定的操作或测量。

这里用到了 HAL 库中的 HAL_I2C_Master_Transmit() 函数,&hi2c1 是 I²C 总线的句柄,表示要使用的 I²C1 接口。SHT30_ADDR_WRITE 是 SHT30 传感器的写地址,用于指定要通信的设备。(uint8_t *) cmd_buffer 将 cmd_buffer 强制类型转换为 uint8_t *,传递给 HAL 函数以发送数据。2 表示要发送的字节数,这里是 2 字节,因为 cmd_buffer 中存储了 2 个字节的数据。0xFFFF 是超时参数,表示等待传输完成的最大时间。

/* 复位 SHT30 */
void SHT30_Reset(void)
{
    SHT30_Send_Cmd(SOFT_RESET_CMD) ;
    HAL_Delay(20) ;
}

这个函数通过调用 SHT30_Send_Cmd 函数发送了一个特定的命令 SOFT_RESET_CMD 给 SHT30 传感器,用以执行软件复位操作。复位完成后,通过延时确保传感器能够安全地完成复位动作。这种操作通常在初始化传感器或者需要重置其状态时使用,以确保传感器工作在已知的状态下。

/* 初始化 SHT30 */
uint8_t SHT30_Init(void)
{
    return SHT30_Send_Cmd(MEDIUM_2_CMD) ;
}

SHT30_Init 函数负责初始化 SHT30 传感器它通过发送 MEDIUM_2_CMD 命令将 SHT30 配置为中等精度的 2s 周期测量模式。函数的返回值是 SHT30_Send_Cmd 函数的返回值,指示 I2C 传输是否成功。这种初始化设置确保传感器在正确的模式下开始工作,以便进行后续的数据测量或操作。

/* 从 SHT30 读取一次数据 */
    uint8_t SHT30_Read_Dat(uint8_t * dat)
{
    SHT30_Send_Cmd(READOUT_FOR_PERIODIC_MODE) ;
    return HAL_I2C_Master_Receive(&hi2c1, SHT30_ADDR_READ, dat, 6,

0xFFFF);
}

SHT30_Read_Dat 函数通过发送 READOUT_FOR_PERIODIC_MODE 命令请求 SHT30 传感器执行数据读取操作,并将读取的结果存储在 dat 缓冲区中。函数返回 HAL_I²C_Master_Receive() 函数的结果,用于指示读取操作的成功与否。这种方式可以获取传感器在周期性测量模式下的测量数据。

HAL_I²C_Master_Receive() 函数中 &hi2c1 是 I²C 总线的句柄,表示要使用的是 I²C1 接口。SHT30_ADDR_READ 是 SHT30 传感器的读地址,用于指定要通信的设备。dat 是存储读取数据的缓冲区,通过传入的指针进行填充。6 表示要读取的字节数,这里是 6 字节,因为 SHT30 在周期性测量模式下返回的数据长度是 6 个字节。0xFFFF 是超时参数,表示等待接收完成的最大时间。

```
uint8_t CheckCrc8( uint8_t * const message, uint8_t initial_value)
{
    uint8_t   remainder;              //余数
    uint8_t i = 0, j = 0;   //循环变量

    /* 初始化 */
    remainder = initial_value;

    for( j = 0; j<2; j++)
    {
        remainder ^= message[ j];

        /* 从最高位始依次计算   */
        for( i = 0; i<8; i++)
        {
            if( remainder & 0x80)
            {
                remainder = ( remainder<<1) ^0x31;
            }
            else
            {
                remainder = ( remainder<<1);
```

```
        }
      }
}

/*返回计算的CRC码*/
returnremainder;
}
```

这段代码实现了CRC-8校验算法,用于对传入的数据进行CRC校验。它通过预设的多项式0x31对每个字节进行位运算,最终得到校验的结果。

其中message是一个指向uint8_t类型数据的指针,表示要进行CRC校验的消息。initial_value是初始的校验值,用于CRC校验的初始余数。

函数中通过两层循环实现CRC校验:外层循环for(j=0;j<2;j++)对每个字节进行处理(这里假设数据长度为2字节)。内层循环for(i=0;i<8;i++)对每个字节的每一位进行逐位计算。每位的计算通过左移和条件判断实现:如果最高位为1,执行左移并与多项式异或;否则仅左移。最终返回计算得到的CRC码作为函数的返回值。

```
void SHT30_Dat_To_Save(uint8_t * const dat)
{
    /*校验温度数据和湿度数据是否接收正确*/
    if(CheckCrc8(dat,0xFF)==dat[2] && CheckCrc8(&dat[3],0xFF)==dat[5])
        {
            /*存储温度数据*/
            holding_registers[1] = ((uint16_t)dat[0]<<8) | dat[1];
            /*存储湿度数据*/
            holding_registers[2] = ((uint16_t)dat[3]<<8) | dat[4];
        }
}
```

这个函数是将接收到的温湿度值进行CRC校验,并将温度和湿度数据存到模拟寄存器里面。如果接受的数据CRC校验成功,,dat[0]和dat[1]组成一个16位的温度数据,dat[3]和dat[4]组成一个16位的湿度数据,存在第二个和第三个模拟寄存器里面。
```
uint16_tcalculate_crc( uint8_t  * buffer, uint16_t length)//16位CRC校验
{
    uint16_tcrc=0xFFFF;

    for( uint16_t pos=0; pos<length; pos++)
    {
        crc ^=( uint16_t) buffer[ pos];

        for( uint8_ti=8; i!=0; i--)
        {
            if( ( crc & 0x0001)!=0)
            {
                crc>>=1;
                crc ^=0xA001;
            }
            else
            {
                crc>>=1;
            }
        }
    }

    returncrc;
}
```

该函数的主要功能是根据输入的缓冲区和长度计算其16位CRC校验值，通常用于数据完整性的验证，确保数据在传输或存储过程中未被篡改。函数需要传入两个参数，uint8_t * buffer：输入的数据缓冲区，指向一个包含计算CRC所需数据的数组。uint16_t length：输入数据的长度，表示缓冲区中的字节数。

crc变量用于存储当前的CRC计算结果，初始值为0xFFFF。外层循环遍历缓冲区中的每个字节，并将其与当前的crc进行异或操作。内层循环处理每个字节的8位，按位计算CRC值。最内层循环检查crc的最低位（第0位）。

如果最低位为1，则进行多项式除法，右移 crc 并与 0xA001（代表 CRC 多项式）进行异或。如果最低位为0，简单右移即可。最后，返回计算得到的 CRC 值。

```c
//03 码,读取寄存器的值
voidRecv_Read()
{
    uint16_t starting_address = (uart2_rec_buf[2]<<8) | uart2_rec_buf[3];  //起始地址
    uint16_t register_count = (uart2_rec_buf[4]<<8) | uart2_rec_buf[5];//寄存器数量
    //检查起始地址和寄存器数量是否有效
    if(starting_address + register_count<=sizeof(holding_registers)/sizeof(holding_registers[0]))
        {
            uint8_tresponse_buffer[MAX_BUFFER_SIZE];
            uint8_t index=0;
            //构建响应帧
            response_buffer[index++]=Address;//设备地址
            response_buffer[index++]=0x03;      //功能码
            response_buffer[index++]=register_count * 2;//数据字节数

            for(uint16_t i=0; i<register_count; i++)
              {
                  response_buffer[index++] = (holding_registers[starting_address + i]>>8)& 0xFF;   //高字节
response_buffer[index++]=holding_registers[starting_address + i] & 0xFF;    //低字节
              }
            //计算 CRC 校验码
            uint16_t crc=calculate_crc(response_buffer, index);
            response_buffer[index++]=(crc>>8)& 0xFF;   //CRC 高字节
    response_buffer[index++]=crc & 0xFF;    //CRC 低字节
            //发送响应帧
```

```
            HAL_GPIO_WritePin( GPIOA, GPIO_PIN_4, GPIO_PIN_SET);
            HAL_UART_Transmit( &huart2, response_buffer, index, HAL_MAX_
DELAY);
      }
}
```

这个函数是一个用于处理 Modbus 协议中的读取保持寄存器（功能码 0x03）请求的函数。它接收请求，读取指定范围内的寄存器值，并构建相应的响应帧，最后发送回主机。将起始地址和尧都区寄存器的数量存到 starting_address 和 register_count 变量中。然后检查请求的起始地址和寄存器数量是否在有效的范围内，防止访问越界。如果不符合要求就构建响应帧的头部，包括设备地址、功能码和数据字节数。逐个读取寄存器的值，并将其拆分为高字节和低字节，依次存入响应帧中。接着调用 calculate_crc 函数计算响应帧的 CRC 校验码。将 CRC 校验码的高字节和低字节添加到响应帧的末尾。最后将 SSP3485 调至发送模式并将数据发送出去。

HAL_UART_Transmit（）函数中 &huart2：UART2 句柄，指示要使用的 UART 接口。response_buffer：要发送的数据缓冲区的地址。Index：要发送的数据长度。HAL_MAX_DELAY：发送操作的超时时间，单位为毫秒。

```
//06 码,写入寄存器的值
void Recv_Write()
{
    uint16_t write_address = ( uart2_rec_buf[2]<<8) | uart2_rec_buf[3];   //写入地址
    uint16_t write_value = ( uart2_rec_buf[4]<<8) | uart2_rec_buf[5];   //写入值
    //检查写入地址是否有效
    if( write_address<sizeof( holding_registers)/sizeof( holding_registers[0]))
    {
      //写入保持寄存器
    holding_registers[ write_address] = write_value;
        Address = holding_registers[0];

      //构建响应帧
      uint8_t response_buffer[8];
```

```
        uint8_t index = 0;

        response_buffer[index++] = Address;    //从设备地址
        response_buffer[index++] = 0x06;    //功能码
        response_buffer[index++] = (write_address>>8) & 0xFF;    //写入地址高字节
        response_buffer[index++] = write_address & 0xFF;    //写入地址低字节
        response_buffer[index++] = (write_value>>8) & 0xFF;    //写入值高字节
        response_buffer[index++] = write_value & 0xFF;    //写入值低字节
        //计算 CRC 校验码
        uint16_tcrc = calculate_crc(response_buffer, 6);
        response_buffer[index++] = (crc>>8) & 0xFF;    //CRC 高字节
        response_buffer[index++] = crc & 0xFF;    //CRC 低字节
        //发送响应帧
        HAL_GPIO_WritePin(GPIOA, GPIO_PIN_4, GPIO_PIN_SET);
        HAL_UART_Transmit(&huart2, response_buffer, index, HAL_MAX_DELAY);
    }
}
```

这个函数是用于处理 Modbus 协议中的写入单个寄存器（功能码 0x06）请求的函数。它接收请求，将指定的值写入指定的寄存器地址，并构建相应的响应帧，最后发送回主机。首先将写入地址和写入值存到 write_address 和 write_value 变量中。然后检查写入地址是否在有效的范围内，如果在范围内将解析出的 write_value 写入 holding_registers 数组中的 write_address 位置。更新 Address 变量。接着构建响应帧的头部，包括设备地址、功能码、写入地址的高字节和低字节、写入值的高字节和低字节。调用 calculate_crc 函数计算响应帧的 CRC 校验码。将 CRC 校验码的高字节和低字节添加到响应帧的末尾。最后将 SSP3485 调至发送模式并将数据发送出去。

```
voidCRC_Error()
{
    uint8_terror_response[5];
    error_response[0] = Address;
    error_response[1] = uart2_rec_buf[1] | 0x80;    //设置错误标志
```

第二章 感知系统——空气温湿度传感器设计

```
    error_response[2] = 0x03;    //CRC 错误代码
    //计算错误响应帧的 CRC 校验码
    uint16_t error_crc = calculate_crc(error_response, 3);
    error_response[3] = (uint8_t)((error_crc>>8) & 0xFF);
    error_response[4] = (uint8_t)(error_crc & 0xFF);
        //发送错误响应帧
    HAL_GPIO_WritePin(GPIOA, GPIO_PIN_4, GPIO_PIN_SET);
        HAL_UART_Transmit(&huart2, error_response, 5, HAL_MAX_DELAY);
}
```

这个函数是处理 Modbus 协议中 CRC 错误的响应函数。它的作用是在检测到 CRC 校验错误时，构建错误响应帧并将其发送回主机。

首先创建了一个大小为 5 的字节数组 error_response，用于存储构建的错误响应帧。其中，

error_response［0］：包含响应地址，通常是从设备的地址。

error_response［1］：设置错误标志。根据 Modbus 协议，功能码的高位设置为 1 表明发生了错误，所以 uart2_rec_buf［1］| 0x80 是在原来的功能码上加上了错误标志。

error_response［2］：指定错误的类型，这里使用了 0x03 作为 CRC 错误的代码。

error_response［3］：计算出的 CRC 检验码的高 8 位。

error_response［4］：计算出的 CRC 检验码的低 8 位。

最后将 SSP3485 调至发送模式并将数据发送出去。

```
void Recv_Data()    //验证数据正确性
{
    uint8_t data_length = 4;    //数据长度(不包含地址、功能码和 CRC 校验码)
    //提取接收到的 CRC 校验码
    uint16_t received_crc = (uart2_rec_buf[data_length + 2]<<8) | uart2_rec_buf[data_length + 3];
    //计算接收数据的 CRC 值
    uint16_t calculated_crc = calculate_crc(uart2_rec_buf, data_length + 2);
    //比较接收到的 CRC 值和计算的 CRC 值
    if(received_crc == calculated_crc)
```

```
        {
          if( uart2_rec_buf[ 1] = = 0x03)
          {
             Recv_Read( );
             }
          if( uart2_rec_buf[ 1] = = 0x06)
          {
             Recv_Write( );
             }
        }
        else
        {
             CRC_Error( );
        }
}
```

这个函数主要用于验证接收到数据的完整性（使用 CRC 校验）。然后根据功能码（在这里是 0x03 和 0x06）判断接收到的数据类型，并调用相应的处理函数，在发生错误时发送错误响应。从接收到的数据缓冲区 uart2_rec_buf 中提取出 CRC 校验码。根据 Modbus 协议，CRC 校验码通常位于数据的末尾，这里通过位移和按位或运算组合高低字节生成完整的 CRC 值。调用 calculate_crc 函数计算接收到的数据部分的 CRC 校验值。这里需要计算的字节数为 data_length + 2，其中包括设备地址和功能码。对比提取的 CRC 和计算出的 CRC。如果它们相等，说明数据是正确的。如果接收到的数据完整且正确，进一步根据功能码执行对应的操作：

0x03：请求读取数据，调用 Recv_Read（） 函数处理读取请求。

0x06：请求写入某个数据，调用 Recv_Write（） 函数处理写入请求。

如果接收到的 CRC 值和计算的 CRC 值不相等，说明数据存在错误，调用 CRC_Error（） 函数发送错误响应。

```
void HAL_UARTEx_RxEventCallback( UART_HandleTypeDef * huart, uint16_t Size)
{
if( huart->Instance = = USART2)
    {
```

```
            if( uart2_rec_buf[ 0] = = Address)
    {
            Recv_Data( );
        }
            HAL_GPIO_WritePin( GPIOA, GPIO_PIN_4, GPIO_PIN_RESET);

            HAL _ UARTEx _ ReceiveToIdle _ DMA ( &huart2, uart2 _ rec _ buf, MAX _
BUFFER_SIZE);
        }
}
```

这个函数是一个 UART 接收回调函数,用于处理接收到数据的事件。这个函数通常在使用 DMA(直接内存访问)方式接收 UART 数据时被调用。首先检查触发回调的 UART 实例是否为 USART2,确保只处理来自 USART2 的数据。uart2_rec_buf[0]是接收到的数据缓冲区的第一个字节,表示主机想要通信的地址字节。这里检查接收到的地址是否与本设备的 Address 匹配。如果地址匹配,则调用 Recv_Data()函数处理接收到的数据。随后将 SSP3485 调至接收模式。

HAL_UARTEx_ReceiveToIdle_DMA()函数中 &huart2:UART2 句柄,指示要使用的 UART 接口。uart2 _ rec _ buf:接收数据的缓冲区地址。MAX _ BUFFER_SIZE:接收缓冲区的长度,缓冲区的最大长度,定义了 DMA 接收数据的最大字节数。

```
int main( void)
{
    HAL_Init( );
    SystemClock_Config( );
    MX_GPIO_Init( );
    MX_DMA_Init( );
    MX_USART2_UART_Init( );
    MX_I2C1_Init( );
    SHT30_Reset( );
    SHT30_Init( );
    HAL_GPIO_WritePin( GPIOA, GPIO_PIN_4, GPIO_PIN_RESET);    //485 接
收使能
```

HAL_UARTEx_ReceiveToIdle_DMA(&huart2, uart2_rec_buf, MAX_BUFFER_SIZE);

    while(1)
    {
        HAL_Delay(1000);
        if(SHT30_Read_Dat(recv_dat) == HAL_OK)
        {
            SHT30_Dat_To_Save(recv_dat);
        }
    }
}

在主函数中将 STM32 的基本外设配置都初始化使用 HAL_Init() 初始化 HAL 库，设置全局参数。调用 SystemClock_Config() 函数配置系统时钟，确保系统运行在设定的频率上。分别调用 MX_GPIO_Init()、MX_DMA_Init()、MX_USART2_UART_Init() 和 MX_I²C1_Init() 函数初始化 GPIO、DMA、USART2 和 I²C1。这些初始化函数通常由 STM32CubeMX 自动生成，用于配置硬件资源。初始化和重置 SHT30 传感器。SHT30_Reset() 可能用于重置传感器状态，SHT30_Init() 则用于初始化传感器。

使用 HAL_GPIO_WritePin 函数将 GPIOA 的第 4 引脚设置为低电平（GPIO_PIN_RESET），是为 RS-485 通信设置接收使能。使用 HAL_UARTEx_ReceiveToIdle_DMA 函数启动 USART2 的 DMA 接收，准备接收数据。MAX_BUFFER_SIZE 定义了接收数据缓冲区的最大长度。

进入主循环，执行以下操作：

使用 HAL_Delay（1000）函数延时 1s，确保主循环每秒执行一次。调用 SHT30_Read_Dat（recv_dat）函数读取 SHT30 传感器的数据，并将数据存储在 recv_dat 中。如果读取成功，则调用 SHT30_Dat_To_Save（recv_dat）函数保存数据。这里没有主机通信请求的情况下就以每秒一次的频率读取温湿度数据，如果主机发来通信请求就进入 UART 接收回调函数中处理。

（二）主机测试程序实现

主机主要测试的功能是向从机通过 Modbus-RTU 协议发送请求，验证从机的 Modbus-RTU 协议实现是否正确。通过读取从机内模拟寄存器的数据，修改从机的地址的方式进行验证。其流程如图 2-5-14 所示。

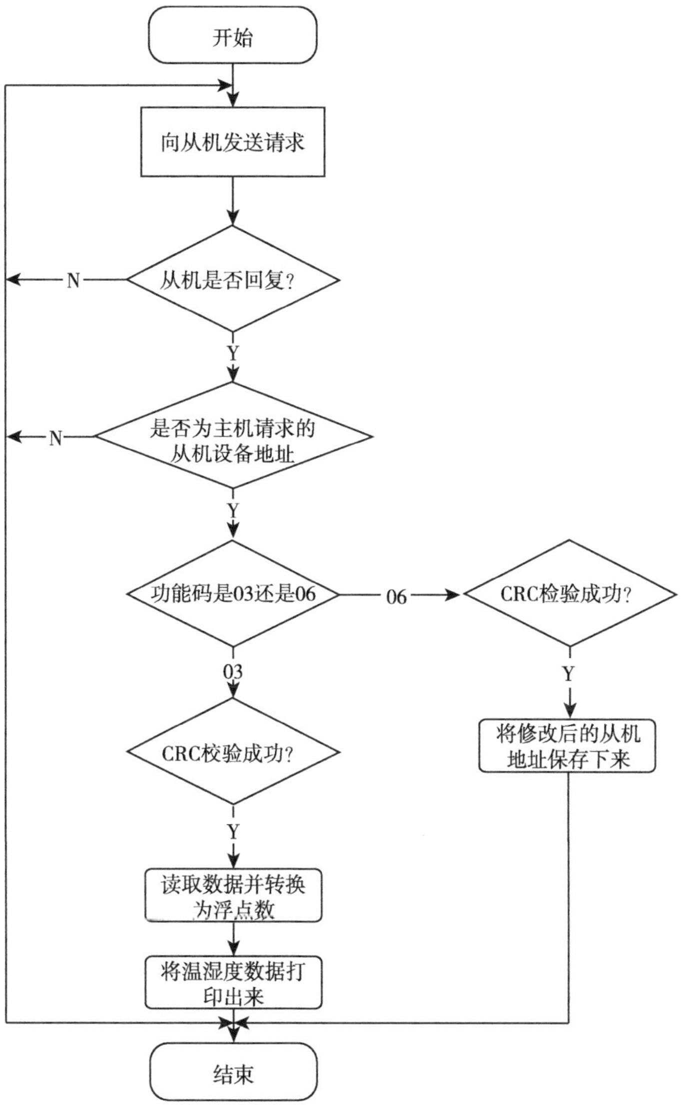

图 2-5-14 主机程序流程图

1. 配置 stm32cubeMX

主机的配置与从机基本相同,只是不需要配置 I^2C,同时多了一个 UART3 的配置用来将测量的温湿度数据显示在 PC 上,只需将 UASRT3 打开配置成异步通信模式,并将波特率设置为 9600 即可,如图 2-5-15 所示。

图 2-5-15　UASRT3 的配置

2. 在 μVision 中编写代码

在 main.c 中编写以下代码：

UART_HandleTypeDef huart2;
UART_HandleTypeDef huart3;
DMA_HandleTypeDef hdma_usart2_rx;
voidSystemClock_Config(void);
static voidMX_GPIO_Init(void);
static voidMX_DMA_Init(void);
static void MX_USART2_UART_Init(void);
static void MX_USART3_UART_Init(void);

在这段代码里，声明了 UART 和 DMA 的句柄，huart2 和 huart3，用于管理 UART2 和 UART3 外设的配置和控制。UART_HandleTypeDef 是 STM32 HAL 库中定义的一个结构体类型，用于存储 UART 外设的状态和配置信息。hdma_usart2_rx，分别用于管理 USART2 接收数据的 DMA 传输。DMA_HandleTypeDef 也是 STM32 HAL 库中定义的一个结构体类型，用于存储 DMA 通道的状态和配置信息。

```
#include "stdio.h"
#ifdef __GNUC__
    #define PUTCHAR_PROTOTYPE int __io_putchar( int ch)
#else
    #define PUTCHAR_PROTOTYPE intfputc( int ch, FILE * f)
```

#endif

　　PUTCHAR_PROTOTYPE
{
　　HAL_UART_Transmit(&huart3, (uint8_t *) &ch, 1, 0xFFFF);
　　returnch;
}

　　这里是完成一个 UART 的重定向，便于使用 printf 函数通过 UART 对 PC 端发送数据。

　　程序中包含预处理器指令，用于检查编译器是否为 GNU Compiler Collection（GCC）。如果是 GCC，则定义 PUTCHAR_PROTOTYPE 为__io_putchar 函数原型；否则，定义为 fputc 函数原型。这是为了实现标准输出重定向到 UART 的功能。

　　根据定义，PUTCHAR_PROTOTYPE 这个函数是__io_putchar 或 fputc，具体取决于编译器。函数的作用是通过 UART3 发送一个字符。它使用 STM32 HAL 库 HAL_UART_Transmit 函数来发送字符 ch，并等待直到发送完成（超时设置为 0xFFFF）。最后，函数返回发送的字符。

```
#define UART2_REC_BUF_LEN 256
#define Address 0x0001
uint8_t uart2_rec_buf[ UART2_REC_BUF_LEN];
uint8_trec_buf[5];
float temperature = 0.0;
float humidity = 0.0;
```

　　这里对一些要用到的参数进行定义，方便程序的编写，UART2_REC_BUF_LEN 表示接收来自 RS-485 通信的数据时所用缓冲区的长度。Adddress 是从机的通信地址。uart2_rec_buf［UART2_REC_BUF_LEN］数组长度为 256，用于存储从 RS-485 总线接收到的数据。rec_buf［5］是用来存放接收数据的数组。temperature 和 humidity 是存储温湿度的变量。

```
uint16_tcalculate_crc( uint8_t * buffer, uint16_t length)//16 位 CRC 校验
{
    uint16_tcrc = 0xFFFF;

    for( uint16_t pos = 0; pos<length; pos++)
```

```
    {
        crc ^=( uint16_t) buffer[ pos] ;

        for( uint8_ti = 8; i ! = 0; i--)
        {
            if( ( crc & 0x0001) ! = 0)
            {
              crc>>= 1;
              crc ^= 0xA001;
            }
            else
            {
            crc>>= 1;
            }
        }
    }

    returncrc;
}
```

该函数的主要功能是根据输入的缓冲区和长度计算其16位CRC校验值，通常用于数据完整性的验证，确保数据在传输或存储过程中未被篡改。函数需要传入两个参数，uint8_t * buffer：输入的数据缓冲区，指向一个包含计算CRC所需数据的数组。uint16_t length：输入数据的长度，表示缓冲区中的字节数。

crc变量用于存储当前的CRC计算结果，初始值为0xFFFF。外层循环遍历缓冲区中的每个字节，并将其与当前的crc进行异或操作。内层循环处理每个字节的8位，按位计算CRC值。最内层循环检查crc的最低位（第0位）。如果最低位为1，则进行多项式除法，右移crc并与0xA001（代表CRC多项式）进行异或。如果最低位为0，简单右移即可。最后，返回计算得到的CRC值。

voidTransmit(uint8_t address, uint8_t function, uint16_t start_address, uint16_t quantity)
{

第二章　感知系统——空气温湿度传感器设计

```
//构建请求帧
uint8_tTx_buf[8];
Tx_buf[0]=address;
Tx_buf[1]=function;
Tx_buf[2]=(uint8_t)(start_address>>8);    //高位
Tx_buf[3]=(uint8_t)start_address;          //低位
Tx_buf[4]=(uint8_t)(quantity>>8);          //高位
Tx_buf[5]=(uint8_t)quantity;               //低位

//计算 CRC 校验码
uint16_tcrc=calculate_crc(Tx_buf,6);
Tx_buf[6]=(uint8_t)(crc>>8);               //高位
Tx_buf[7]=(uint8_t)(crc & 0xFF);           //低位

//通过 UART 发送数据
HAL_GPIO_WritePin(GPIOA,GPIO_PIN_4,GPIO_PIN_SET);
HAL_UART_Transmit(&huart2,Tx_buf,8,HAL_MAX_DELAY);
}
```

这个函数主要的功能是构建一个 Modbus-RTU 请求帧。在此函数中使用 Tx_buf 数组构建请求帧。

Tx_buf［0］存储从设备的地址（address）。

Tx_buf［1］存储功能码（function）。

Tx_buf［2：3］读取起始地址（start_address）或者要写如寄存器的地址的高位和低位。

Tx_buf［4：5］存储数量（quantity）或者要写如的值的高位和低位。

调用 calculate_crc 函数计算前 6 个字节的 CRC 校验码。将 CRC 校验码的高位和低位分别存储在 Tx_buf［6］和 Tx_buf［7］中。最后将 SSP3485 调至发送模式将请求帧发送出去。

```
voidRecv_Data()    //验证数据正确性
{
    if(uart2_rec_buf[1]==0x03)
    {
        uint8_t num=uart2_rec_buf[2];
```

```
        uint16_trecv_temperature = 0;
        uint16_trecv_humidity = 0;
        //提取接收到的CRC校验码
        uint16_t received_crc = (uart2_rec_buf[num + 3]<<8) | uart2_rec_buf[num + 4];
        //计算接收数据的CRC值
        uint16_t calculated_crc = calculate_crc(uart2_rec_buf, num + 3);
        if(received_crc = = calculated_crc)
        {
            recv_temperature = ((uint16_t) uart2_rec_buf[3]<<8) | uart2_rec_buf[4];
            temperature = -45 + 175 * ((float) recv_temperature/65535);
            recv_humidity = ((uint16_t) uart2_rec_buf[5]<<8) | uart2_rec_buf[6];
            humidity = 100 * ((float) recv_humidity /65535);
    printf("temperature = %f, humidity = %f", temperature, humidity);
        }


    }
    if(uart2_rec_buf[1] = = 0x06)
    {
        uint8_tdata_length = 4;    //数据长度(不包含地址、功能码和CRC校验码)
        //提取接收到的CRC校验码
        uint16_t received_crc = (uart2_rec_buf[data_length + 2]<<8) | uart2_rec_buf[data_length + 3];
        //计算接收数据的CRC值
        uint16_t calculated_crc = calculate_crc(uart2_rec_buf, data_length + 2);
        //比较接收到的CRC值和计算的CRC值
        if(received_crc = = calculated_crc)
            {
                rec_buf[0] = uart2_rec_buf[0];
            }
```

		}
}

这个函数用于验证通过 UART 接收到的数据的正确性，并根据不同的功能码（0x03 和 0x06）处理数据。

当接收的功能码为 0x03 时，说明是主机发送的读取模拟寄存器数据的操作，将获取数据字节数 num，提取出接收到的 CRC 校验码并计算校验码进行比对，如果 CRC 校验成功，提取出温度和湿度数据转换为实际值并打印出来。

当接收的功能码为 0x06 时，说明是主机发起的修改模拟寄存器的操作，这里模拟了可以对从机设备的地址进行修改，提取接收到的校验码与计算的校验码进行比对，如果 CRC 校验结果正确，将修改后的从机的地址保存到 rec_buf［］数组中。

```
void  HAL_UARTEx_RxEventCallback( UART_HandleTypeDef  * huart, uint16_t Size)
{
if( huart->Instance = = USART2)
    {
        if( uart2_rec_buf[ 0] = = Address)
          {
            Recv_Data( );
          }
    HAL_UARTEx_ReceiveToIdle_DMA( &huart2, uart2_rec_buf, UART2_REC_BUF_LEN);
    }
}
```

这个函数是一个 UART 接收回调函数，用于处理接收到数据的事件。这个函数通常在使用 DMA（直接内存访问）方式接收 UART 数据时被调用。首先检查触发回调的 UART 实例是否为 USART2，确保只处理来自 USART2 的数据。uart2_rec_buf［0］是接收到的数据缓冲区的第一个字节，表示主机想要通信的地址字节。这里检查接收到的地址是否与本设备的 Address 匹配。如果地址匹配，则调用 Recv_Data（）函数处理接收到的数据。

```
int main( void)
{
    HAL_Init( );
```

```
SystemClock_Config();
MX_GPIO_Init();
MX_DMA_Init();
MX_USART2_UART_Init();
MX_USART3_UART_Init();
HAL_UARTEx_ReceiveToIdle_DMA( &huart2, uart2_rec_buf, UART2_REC_BUF_LEN);
while(1)
{
    HAL_GPIO_WritePin( GPIOA, GPIO_PIN_4, GPIO_PIN_SET);
    Transmit(0x01, 0x03, 0x0001, 0x0002);
    HAL_GPIO_WritePin( GPIOA, GPIO_PIN_4, GPIO_PIN_RESET);
    HAL_Delay(1000);
}
}
```

在主函数中将基础配置进行初始化，打开UART2的将接收模式。在while中先将SSP3485配置成发送模式，向从机发送读取数据的请求，然后立刻将SSP3485配置成接收模式等待从机给用户发送数据。收到从机的回复数据后进入UART接收回调函数里进行处理。

六、分析与结论

在PC端打开串口调试助手，波特率配置成和主机一样的9600，可以看到测出的温度和湿度的值实时显示在屏幕上，如图2-6-1所示。

将数据以折线图的方式呈现出来会有更好的展示效果，可以更清晰地看到空气温湿度变化。如图2-6-2所示。

基于STM32和SHT30的空气温湿度采集系统利用STM32的强大功能和SHT30传感器的精准测量能力，实现了稳定、高效的数据采集和处理。系统设计考虑了数据的可靠性和实时性，通过软件和硬件的协同工作，实现了从传感器数据获取到温湿度值并输出的完整流程。在实际应用中，可以根据需求进一步优化系统的精度和响应速度，以满足不同环境监测的要求。

第二章 感知系统——空气温湿度传感器设计

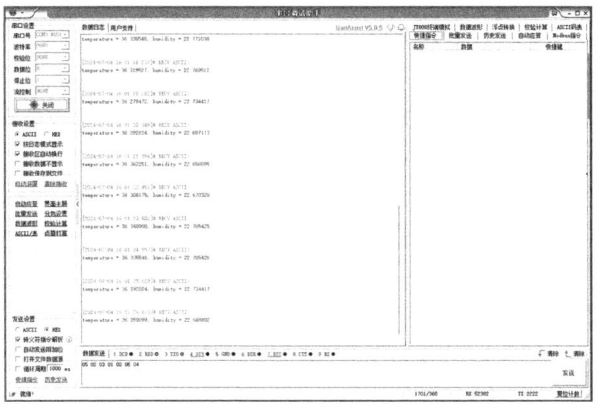

图 2-6-1　SHT30 空气温湿度数据展示

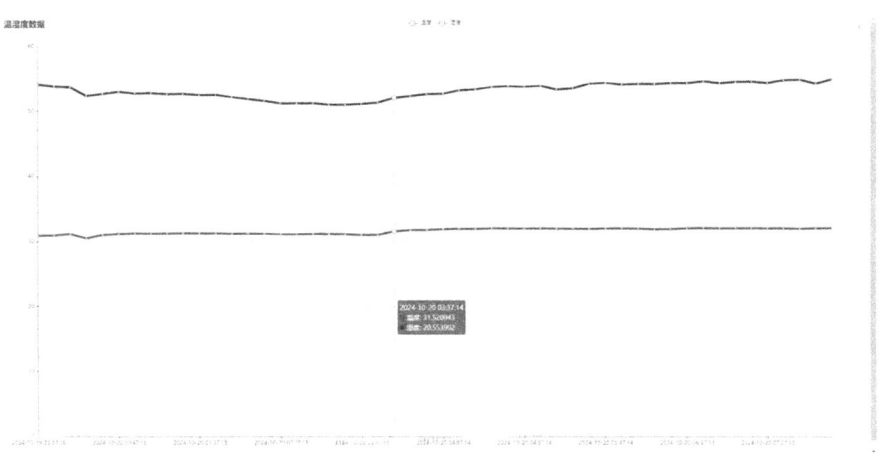

图 2-6-2　SHT30 空气温湿度折线图

参考文献

[1] 王琳，杨再强，王明田，等．空气相对湿度对高温下番茄幼苗营养物质含量及干物质分配的影响［J］．中国农业气象，2018，39（5）：304-313.

[2] 李健，韩晨静，王琦，等．温湿度调控对芍药花期的影响［J］．山东农业科学，2021，53（12）：74-77.

[3] SHAMSHIRI R R，JONES J W，THORP K R，et al.，Review of optimum tempera-

ture, humidity, and vapour pressure deficit for microclimate evaluation and control in greenhouse cultivation of tomato: a review [J]. International Agrophysics, 2018, 32 (2): 287-302.

[4] 王丽娜,曹建安,王莲花,等.基于模糊控制的温室气候控制器设计 [J]. 中国农机化学报, 2024, 45 (7): 75-80.

[5] BHUJEL A, BASAK J K, KHAN F, et al., Sensor systems for greenhouse microclimate monitoring and control: a review [J]. Journal of Biosystems Engineering, 2020, 45: 341-361.

[6] SAGHEER A, MOHAMMED M, RIAD K, et al., A cloud-based IoT platform for precision control of soilless greenhouse cultivation [J]. Sensors, 2020, 21 (1): 223.

[7] FISHER J J, RIJAL J P, ZALOM F G. Temperature and humidity interact to influence brown marmorated stink bug (Hemiptera: Pentatomidae), survival [J]. Environmental Entomology, 2021, 50 (2): 390-398.

[8] VANELLA D, LONGO-MINNOLO G, BELFIORE O R, et al., Comparing the use of ERA5 reanalysis dataset and ground-based agrometeorological data under different climates and topography in Italy [J]. Journal of Hydrology: Regional Studies, 2022, 42: 101182.

[9] AKHTER R, SOFI S A. Precision agriculture using IoT data analytics and machine learning [J]. Journal of King Saud University-Computer and Information Sciences, 2022, 34 (8): 5602-5618.

[10] QUY V K, HAU N V, ANH D V, et al., IoT-enabled smart agriculture: architecture, applications, and challenges [J]. Applied Sciences, 2022, 12 (7): 3396.

[11] ULLO S L, SINHA G R, Advances in IoT and smart sensors for remote sensing and agriculture applications [J]. Remote Sens, 2021, 13: 2585.

[12] 王伯宇,蔡振江,曾绍杰,等.基于物联网的温室远程监测器设计 [J]. 河北农业大学学报, 2018, 41 (3): 117-122.

第三章 感知系统——土壤温湿度传感器的设计

一、引言

(一)设计背景与目标

土壤温度和土壤湿度作为两个关键变量对农业生产具有重要影响,如何实现土壤温湿度的有效管理,对农业生产具有重要的指导意义。在农业生产中,各类农作物均有适宜作物根系生长的温度区间,土壤温度通过影响微生物的活动、土壤的腐殖化以及土壤水的流动,影响着农作物的生长[1]。此外,随着动植物的死亡,大量的碳基体成为土壤的一部分,使大量的温室气体储存在泥土中,致使土壤温度上升,加速了土壤中二氧化碳进入大气[2]。因此,通过准确的土壤温度预测农业小气候的研究具有重要的应用价值。

土壤湿度是表征农业旱情的重要指标之一,是农业、气候和水文变化的关键变量,在许多应用中发挥着重要作用。在农业领域中,土壤湿度与农业灌溉直接相关,不仅对土壤的物理性质产生影响,而且限制土壤中养分的溶解和转移及微生物的活动,土壤湿度过高会影响农作物的根系呼吸,土壤湿度过低会限制农作物对肥料的吸收,从而影响农作物的产量[3]。在小气候领域,土壤湿度的记忆性作为一个重要特征,可以记录土壤中储存水分,而土壤水分的持久性会导致气候系统的持久性;相反,气候的变化也会对土壤湿度产生影响,形成土壤湿度-气候之间的相互作用[4]。因此,土壤湿度的准确预测可以为灌溉、灾害响应和其他科学应用提供量化依据。

在农作物生长阶段,土壤温湿度对作物生长发育至关重要。不同农作物及其生长阶段对土壤温湿度有着不同的需求。在种子萌发阶段,适宜的土壤温度有助于种子内部酶的活性增强,促进种子吸水膨胀和呼吸作用,进而加快萌发速度。适宜的土壤湿度能确保种子吸水均匀,避免由于水分过多导致的种子腐烂或水分过少导致的萌发受阻。在幼苗生长阶段,作物根系开始发育,对土壤温湿度的要求也更为严格。适宜的土壤温度能促进根系生长,增强根系吸收水分和养分的能力。适宜的土壤湿度则能确保根系正常呼吸,避免因水分过多导致的根系缺氧或水分过少导致的根系生长受阻。在实际生产中,需要根据作物特性和生长需求,合理调节土壤温湿度,为作物创造适宜的生长环境。

(二) 土壤温湿度的采集装置与应用场景

1. 土壤温湿度的采集装置

土壤温湿度传感器是一种用于采集土壤温度和湿度的装置。它通常由传感器探头、数据传输模块和数据处理单元组成。传感器探头埋设于土壤中,能够实时感知土壤的温度和湿度变化,并将这些数据通过数据传输模块发送至数据处理单元。数据处理单元对这些数据进行分析、处理,最终将结果呈现在显示屏上或通过无线方式传输至远程监控中心。土壤温湿度传感器广泛应用于农业、园艺、环境科学等领域,为精准农业、节水灌溉、生态监测等提供了有力的技术支持。

随着农业信息化与智能化的不断进步,土壤温湿度传感器能够与物联网、大数据等前沿技术深度融合。这种融合为农业生产带来了革命性的变化,实现了对土壤温湿度的远程监控和精准数据分析。通过土壤温湿度传感器,可以实时获取土壤的水分和温度信息,而物联网技术则能够将这些数据传输到云端或数据中心。通过大数据技术的运用,对这些海量数据进行深度挖掘和分析,为农业生产提供更加科学的决策依据。基于智能化的农业管理模式,不仅能提高农业生产效率,还将促进农业可持续发展。

2. 常用的土壤温湿度传感器及应用

常用的土壤温湿度传感器主要包括以下几种类型:

(1) 电容式土壤湿度传感器 (图3-1-1)

工作原理:

湿敏电容一般是用高分子薄膜电容制成的,当环境湿度发生改变时,湿敏电容的介电常数发生变化,使其电容量也发生变化,其电容变化量与相对湿度成正比,利用电容变化来测量土湿度,传感器内部的电路会将电容值转换为电压值输出,从而实现对土壤湿度的测量。

工作方式:

传感器通过测量电容值可间接测量土壤的湿度。传感器内部包含两个电极,其中一个电极作为感测电极,另一个电极作为参考电极。当传感器插入土壤中时,土壤的湿度会影响电极之间的电容值。通过测量电容值的变化,可以得到土壤的湿度信息。传感器将测量到的电容值转换为相应的湿度数值。在实际应用中,土壤湿度传感器通常需要与微控制器或单片机等电子设备配合使用,通过设定阈值来实现自动浇灌或干旱警报功能。

应用领域:

在农业生产中,电容式土壤湿度传感器被广泛应用于精准灌溉、作物生长监测和病虫害预警。通过实时监测农田土壤的湿度状况,根据作物的实际需水量进行灌溉,避免过度灌溉和水分不足导致的作物

图 3-1-1 电容式土壤湿度传感器

生长问题,提高水资源的利用效率和灌溉效率,减少土壤盐碱化和地下水污染。

(2)电阻式土壤湿度传感器(图 3-1-2)

工作原理:

湿敏电阻的特点是在基片上覆盖一层用感湿材料制成的膜,当空气中的水蒸气吸附在感湿膜上时,元件的电阻率发生变化引起电阻值变化,利用这一特性即可测量湿度,根据土壤的介电常数(土壤

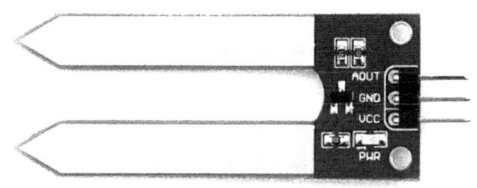

图 3-1-2 电阻式土壤湿度传感器

的导电能力)来估算土壤体积水含量,使用两个探针让电流通过土壤,然后读取电阻来获得湿度水平。水分越多土壤导电越容易(电阻越小),而土壤越干燥导电越差(电阻越大)。土壤中的湿度是连续变化的一系列值,为模拟信号,使用 AO 与 DO 接线板之后可以将从环境中得来的模拟信号转换成数字信号。

工作方式:

在工作过程中,电阻式土壤湿度传感器模块在两个电极之间施加一个恒定的电流(或电压)。电流流过土壤时,土壤的电阻决定了流动的电流量。当土壤变得湿润时,电阻减小,允许更多的电流流动;反之,当土壤变干时,电阻增加,限制了电流的流动。电阻式土壤湿度传感器模块通常具有一个内置的运算放大器或比较器,可将测得的电阻信号转换为可供微控制器或其他电子设备读取的信号。传感器模块输出信号的范围通常与土壤湿度的百分比相对应。例

如，当土壤湿度为50%时，传感器输出一个特定的电压或电流值。通过将测得的信号与预设的阈值进行比较，可以判断土壤是否需要浇灌或采取其他措施。

应用领域：

电阻式土壤湿度传感器在农业、林业、环境监测等领域具有广泛的应用价值。在农业生产中，通过实时监测土壤湿度，帮助农民合理安排灌溉计划，提高水资源利用效率。在林业方面，了解土壤湿度有助于预防森林火灾和维护生态平衡。在环境监测领域，土壤湿度数据则可以为气候变化研究提供重要参考。

（3）管式土壤墒情检测仪（图3-1-3）

工作原理：

检测仪包含一个导管探头，探头内部有两个电极，通过探头将高频电磁波引入土壤中，以介电常数原理为基础，通过发射高频脉冲信号，测得从土壤反射回来的反馈信号。当电磁波通过土壤时，水分会吸收和散射电磁波，从而改变电磁波的传播速度和衰减程度。通过测量电磁波在土壤中的传播特性，可以推断出土壤的温度和湿度。发射与反射回来的时间差与土壤含水量之间具有基本为线性对应逻辑关系，据此原理可计算土壤墒情数据。

工作方式：

检测仪通过控制电极之间的高频电磁波振荡，将电磁波引入土壤中。检测仪通过测量电磁波在土壤中的传播特性，如传播速度、衰减程度等，推断土壤的温度和湿度。测量到的土壤温度和湿度数据可以通过输出接口（如模拟输出、数字输出、串口等）传输给外部设备，如数据采集器、控制器或显示器，通过这些设备实时监测和记录土壤的温度和湿度。

应用领域：

管式土壤墒情检测仪广泛应用于农田灌溉、果园管理、土壤改良与修复、生态环境监测以及农业科研与教育等领域。它能够帮助农业从业者实时了解土壤墒情，制定合理的灌溉和施肥计划，提高作物产量和品质，同时节约水资源，实现农业的可持续发展。

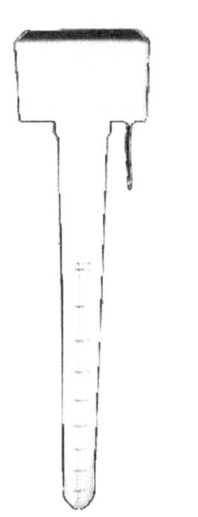

图3-1-3 管式土壤墒情检测仪

(4) 插针式土壤温湿度传感器（图 3-1-4）

工作原理：

插针式土壤温湿度传感器的针形探头通过插入土壤表面，接触土壤中的水分和热量，从而测量土壤的温度和湿度。该探头一般由不锈钢制成，可耐用、防腐蚀、抗干扰。

图 3-1-4　插针式土壤温湿度传感器

数据处理芯片将探头采集到的数据转换为数字形式，通过显示屏显示出来。同时，还可以将数据传输到计算机或移动设备上，进行更全面的数据分析和处理。

工作方式：

插针式土壤温湿度传感器常用的工作原理是频域反射原理 FDR (Frequency Domain Reflectometry)。传感器通过测量土壤中的介电常数来推算土壤的湿度。即传感器利用电磁波在土壤中传播的频率确定介电常数，从而计算土壤的湿度。FDR 是一种用于测量光纤中信号反射率和传输特性的仪器，它通过向光纤发送高频脉冲信号，并检测反射回来的信号，来分析光纤的损耗、色散等特性。

FDR 发送器部分产生一个高频脉冲信号，该信号经过调制后，通过光纤发送到光纤链路的另一端。FDR 接收器部分接收从光纤链路反射回来的信号，以及直接传输过来的信号。接收到的信号经过放大、滤波等处理后，送入频域分析仪。通过对接收到的信号进行频域分析，可以得到光纤的反射率和传输特性。反射率表示光纤链路中信号反射的强度，传输特性则描述了信号在光纤中传播过程中的损耗和色散等现象。FDR 会将测量得到的反射率和传输特性数据以图形或数字形式显示出来，便于用户分析和评估光纤链路的性能。

应用领域：

插针式土壤温湿度传感器在农业生产中被广泛应用，包括：农田环境下，通过实时监测土壤温湿度数据，并根据作物的实际需水量进行灌溉，避免过度灌溉和水分不足导致的作物生长问题；在温室大棚中，传感器可以与其他环境监测设备结合，共同为农作物创造适宜的生长环境，如保持土壤的肥力状况和水分，制定针对性的土壤改良方案。还可以用于监测土壤污染、土壤侵蚀等环境问题，为环境保护提供数据支持。

（三）预期效果与性能指标

1. 预期效果

设计土壤温湿度传感器，旨在实时、准确地监测土壤的温度和湿度，为农业生产、气象观测、环境监测等领域提供可靠的数据支持。通过精准的数据采集，帮助生产者了解土壤环境的变化，指导灌溉、施肥等农业生产操作，提高农作物的产量和质量。本设计中采用了低成本的电容式传感器与插针式温度传感器共同采集土壤的温度与湿度，并将采集的数据通过 RS-485 传输方式发送至主机，为小气候感知系统的研究、农田种植环境监测、土壤污染监测等提供基础数据。

2. 性能指标

精度指标：土壤温湿度传感器采用低成本的温度和湿度采集装置，采集的数据分别在 2 个字节存放，检测精度为 5%。

快速响应：传感器能够快速地感知土壤温湿度的变化，并实时反馈数据，响应时间<100ms。

数据传输效率：数据传输效率高，确保用户能够实时获取土壤温湿度数据。

二、硬件设计

（一）传感器选择与数据计算

1. 土壤湿度传感器 HKSHC05S V2.1 与特性分析
（1）土壤湿度传感器简介（图 3-2-1）

图 3-2-1　土壤湿度传感器

第三章 感知系统——土壤温湿度传感器的设计

HKSHC05S V2.1 传感器为耐腐蚀的土壤湿度传感器，其红色区域是传感器的敏感部件，长期使用，不怕被腐蚀，以模拟量输出，其特性如表 3-2-1 所示。

表 3-2-1 土壤湿度传感器特性

序号	特性	指标
1	供电电源	5V DC
2	工作峰值电流	mA
3	湿度检测范围	0%~100%，检测精度 5%，响应时间<100ms
4	防水等级	IP67
5	标称工作温度	-20~85℃（工业级）
6	信号输出为模拟量	HKSHC05S 标称 0~5V 输出，实际为 0.8~4.8V 输出 HKSHC03S 标称 0~3V 输出，实际为 0.3~3.0V 输出
7	生产及外观工艺	采用压紧式塑料外壳，不含金属螺丝，避免生锈

（2）土壤湿度的计算（表 3-2-2）

表 3-2-2 传感器数据标定

土壤湿度/%	传感器电压/V
100	0.80
80	1.20
60	1.80
40	2.70
20	3.80
0	4.80

HKSHC05S 的特性曲线如图 3-2-2 所示。

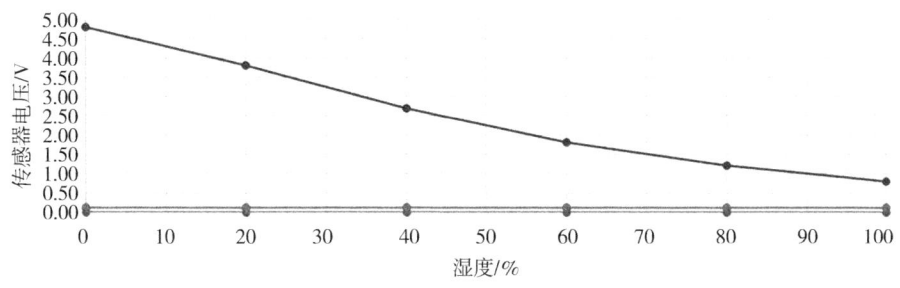

图 3-2-2 土壤湿度传感器的特性曲线

土壤湿度计算方法：采用分段折线法计算湿度值，即如本传感器输出电压为4.0V，根据上表查询，4.0V电压落在0%~20%范围，假设当前湿度为h，则根据公式（h-0%）/（20%-0%）=（4.8V-4.0V）/（4.8V-3.8V），求得h=16%。

其中湿度数据采集过程的C语言代码如下：

```
unsigned intaddat;
addat=ADC_DATA;                    //读取ADC转换器的转换结果
    if( addat<45)
    res=100;                       //若AD值低于下限则湿度为100%
    if( addat>=240)
    res=0;                         //若AD值高于上限则湿度为0%
    if( addat>=45 && addat<61)
    {res=100-20*(addat-45)/(61-45);}    //100%~80%区间计算
    if( addat>=61 && addat<92)
    {res=80-20*(addat-61)/(92-61);}     //80%~60%区间计算
    if( addat>=92 && addat<140)
    {res=60-20*(addat-92)/(140-92);}    //60%~40%区间计算
    if( addat>=140 && addat<194)
    {res=40-20*(addat-140)/(194-140);}  //40%~20%区间计算
    if( addat>=194&& addat<240)
    {res=20-20*(addat-194)/(240-194);}  //20%~0%区间计算
```

（3）RS-485连接及通信协议

RS-485连接方法：

红线：5VDC±0.1V，建议用LM7805或者其他DC-DC降压，提供5V电压，否则将影响温度传感器精度。

黑线：GND

黄线：RS-485　A

白线：RS-485　B

通信协议：

串口工作模式：HEX模式，9600，8，N，1

校验位：MODBUS CRC-16bit

发送格式：ID, COMMAND, reg_addr_H, reg_addr_L, read_count_H, read_count_L, CRCH, CRCL。其中：

ID 编号 1byte：目标传感器 ID 号，范围 0X01~0XFe；
COMMAND 命令码 1byte：读寄存器，0X03；
reg_addr_H reg_addr_L 寄存器地址 2byte：必 00 01；
read_count_H read_count_L 读出数量 2byte：00 01；
校验位（CRC16 modbus）：前 6 个数据的校验位。
反馈格式：ID，COMMAND，data_length，temperature（℃），humdity（%），CRCH，CRCL。其中：
ID 编号 1byte：当前传感器 ID 号；
COMMAND 命令码 1byte：读寄存器，0X03；
data_length 数据长度 1byte：反馈数据位长度即字节数，必须等于 0x02；
temperature 温度数据 1byte：反馈温度值，0~140（为了防止负号出现），该值减去 40 为实际温度，须在上位机计算，即温度为-40~+100℃；
humdity 湿度数据 1byte：反馈湿度值，0~100；
校验位（CRC16 modbus）：前 5 个数据的校验位。
示例：
发送：01 03 00 00 00 02 C4 0B（温湿度数据）
反馈：01 03 02 42 43 C9 15
其中，01 是 ID 码；03 是命令码；02 是数据位长度（后面 2 个 byte）；42 为温度值（十进制为 66，66-40=26，即 26℃），十六进制；43 为湿度百分比十六进制，十进制是 67%；C9 15 为 CRC 校验值。

2. 土壤温度传感器 PT100 与特性分析

PT100 是一种正温度系数的热敏电阻，基于铂电阻的温度特性，铂的电阻值会随着温度的升高而增大，其外观如图 3-2-3 所示。

（1）传感器简介

PT100 基于电阻的热效应，其电阻值随温度的变化而变化，变化是线性的，在 0℃ 时，PT100 的电阻值为 100Ω，随着温度升高，电阻值也相应增加，因此可以通过测量电阻值来推断温度，其热电阻分度表见附录《PT100 热电阻分度表》。

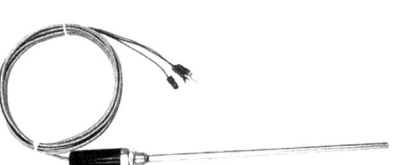

图 3-2-3 土壤温度传感器

其主要特点包括：

测量范围广：通常在-200~850℃，适用于多种温度测量场景。

精度高：具有高精度和稳定性，能够提供准确的温度测量结果。

①线性度好：在常温范围内，PT100的电阻值与温度之间具有良好的线性关系，便于进行温度计算和控制。

②抗干扰能力强：PT100具有抗振动、耐高压等优点，能够在恶劣环境下稳定工作。

（2）土壤温度的计算

PT100的电阻与温度之间的关系用以下公式表示：

①在0~850℃范围：$Rt = R0\,(1+At+Bt^2)$；

②在-200~0℃范围：$Rt = R0\,[1+At+Bt^2+C\,(t-100)^3]$。

其中，Rt代表温度为t℃时的铂电阻的阻值；$R0$代表温度为0℃时的铂电阻的阻值；A、B、C为常数，其温度和电压的换算方式如表3-2-3所示。

表3-2-3　PT100不同温度下热电阻的电压值

温度/℃	电压/mV	温度/℃	电压/mV
0	158.8	100	154.3
10	158.3	110	153.9
20	157.9	120	153.4
30	157.5	130	153.0
40	157.0	140	152.5
50	156.6	150	152.1
60	156.1	160	151.6
70	155.7	170	151.2
80	155.2	180	150.7
90	154.8	190	150.3

（3）连接方式

PT100铂电阻通常采用二线制、三线制或四线制接线方式。二线制和三线制是用电桥法测量，最后得到的是温度值与模拟量输出值的关系；四线制则没有电桥，完全只是用恒流源发送，电压计测量，最后给出测量电阻值。由于PT100电阻值小、灵敏度高，所以引线的阻值不能忽略不计。本设计采用三线式接法，可消除引线线路电阻带来的测量误差，提高测量精度。

（二）土壤温湿度信号的采集

本设计中采用的土壤温度、湿度传感器的输出均为模拟量，采集数据时需要进行AD转换。土壤湿度传感器的采集电路中，采用外接HKSHRW8S V1.0完成湿度模拟量的采集，并通过单片机的ADC转换成数字量。土壤温度传感器的采集电路中，选择 MAX31865 模块，经 ADC 转换和数字控制器，通过 SPI 接口完成温度数据的转换。

1. HKSMRW8S V1.0 模块简介

HKSMRW8S 专为电容式土壤湿度传感器的模拟信号读写及远程传输而设计，但其支持的传感器并不限于前两者，是一款通用的模拟信号读写及远程传输装置。

HKSMRW8S 是一款 8 路模拟量读写器，用于采集土壤湿度的模拟量，通过 8 路电容式土壤湿度传感器接入读写器模块的方法如图 3-2-4 所示。如果使用传感器数量不足 8 个，则输入端子悬空即可。AIN0-AIN7 虽然为 0~7 的编号，若传感器不足 8 个，则没有必要从 0 号端子开始连接，接哪个端子视便利性而定。

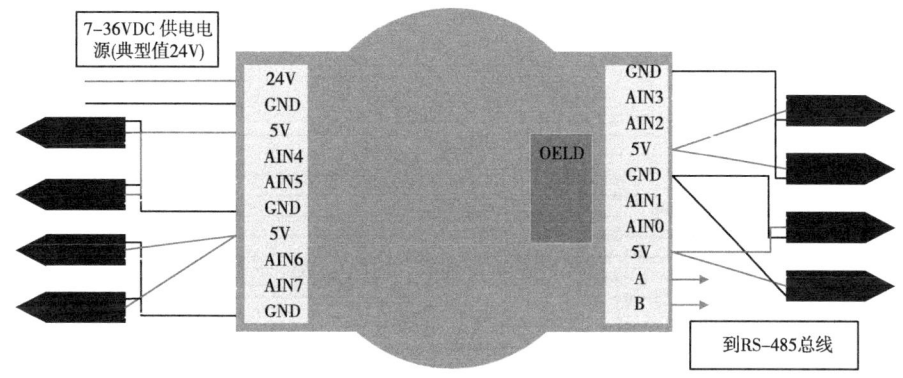

图 3-2-4 土壤湿度传感器接入读写器模块的连接

读写器可以方便地接入 RS-485 网络或者转换成其他通信协议，接入 RS-485 网络参考结构如图 3-2-5 所示。

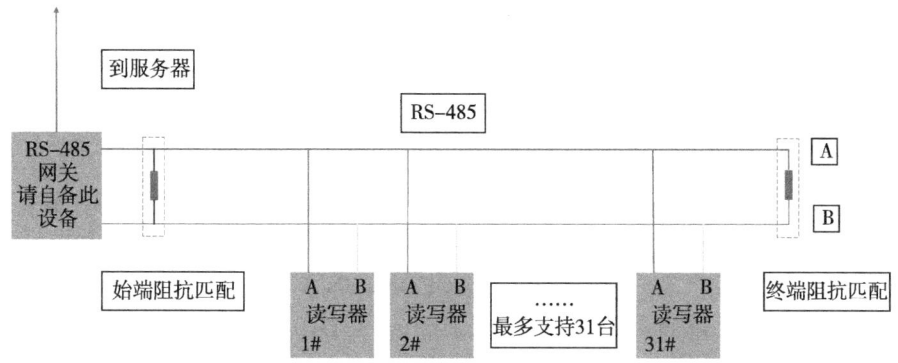

图 3-2-5 读写器接入 RS-485 网络方式

2. MAX31865 模块简介

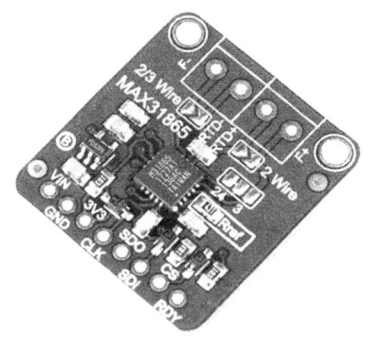

图 3-2-6　MAX31865 模块

MAX31865 支持热敏电阻，是将 PT100 铂电阻转至数字输出的转换器，可优化用于铂电阻的温度检测器（PT100 - PT1000 RTD），其模块如图 3-2-6 所示，内部电路如图 3-2-7 所示。外部电阻设置 RTD 灵敏度，高精度 Δ-Σ ADC 将 RTD 电阻与基准电阻之比转换为数字输出。MAX31865 内置 15 位模/数转换器（ADC）、输入保护、数字控制器、SPI 兼容接口以及相关的控制逻辑电路。

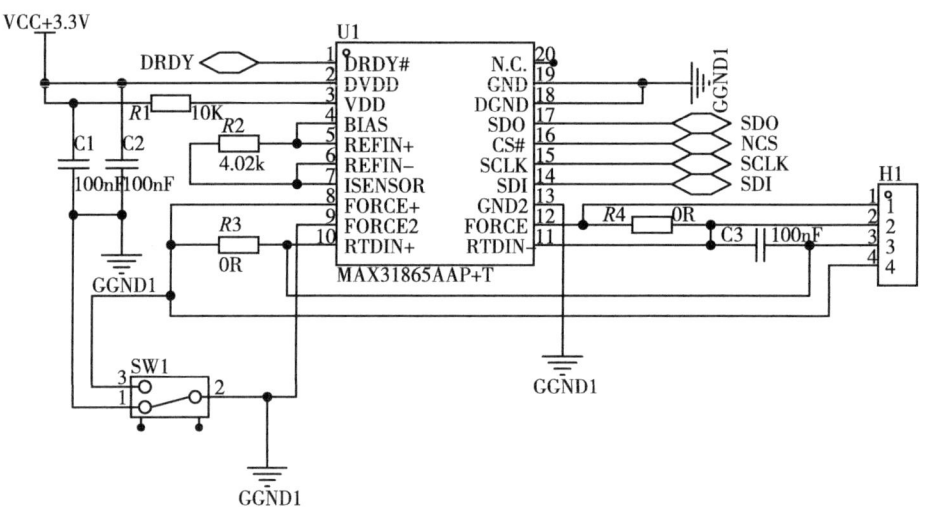

图 3-2-7　MAX31865 内部电路

MAX31865 硬件连接与配置包括如下内容：

（1）MAX31865 传感器与微控制器（如 STM32）的连接，包括 SPI 接口的连接（SDO、SDI、CS、SCLK）以及 RTD（铂电阻温度传感器）的连接。

（2）使用的 RTD 类型（如 PT100），配置 MAX31865 的寄存器。通常涉及设置 RTD 的连接方式、故障检测、滤波器陷波频率等。如使用 3 线 PT100 传感器时，需要配置寄存器地址为 0x80，写入 0xD3 以启用 3 线模式和自动 BIAS。

（三）微控制器/处理器选择与接口设计

1. STM32F103C8T6 单片机

STM32F103C8T6 单片机是一款基于 ARM Cortex-M3 内核的 32 位微控制器，由意法半导体公司（ST）推出。STM32F103C8T6 单片机是一款功能强大、性能稳定的 32 位微控制器，适用于各种嵌入式系统和自动化控制应用。

2. 硬件接口设计

本设计中，土壤温湿度采集电路与 STM32 单片机接口如图 3-2-8、表 3-2-4 所示。

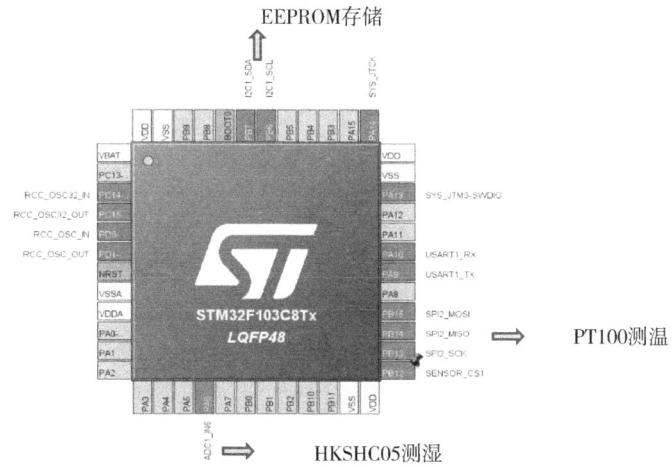

图 3-2-8　STM32 单片机的温湿度接口设计

表 3-2-4　土壤温湿度采集电路与 STM32 单片机的连接

外设	连接方式	引脚	功能
EPPROM	IIC	PB7 ← IIC_SDA PB6 ← IIC_SCL	连接 EEPROM，储存设备地址及波特率
MAX31865	SPI2	PB15 ← SPI_MOSI PB14 ← SPI_MISO PB13 ← SPI_SCK PB12 ← SPI_NSS	连接 MAX31865，PT100 温度转换
USART1	USART1	PA10 ← USART_RX PA9 ← USART_TX	与上位机进行通信
湿度传感器	ADC1_Channel6	PA6 ← ADC1_IN6	读取湿度传感器数据

（四）电源管理与供电方案

本设计采用模块化电源供电方式，即使用 MP1584EN 电源模块为传感器的采集电路、控制电路、转换电路提供 3.3V /5V /9V /12V 电源电压，如图 3-2-9 所示。

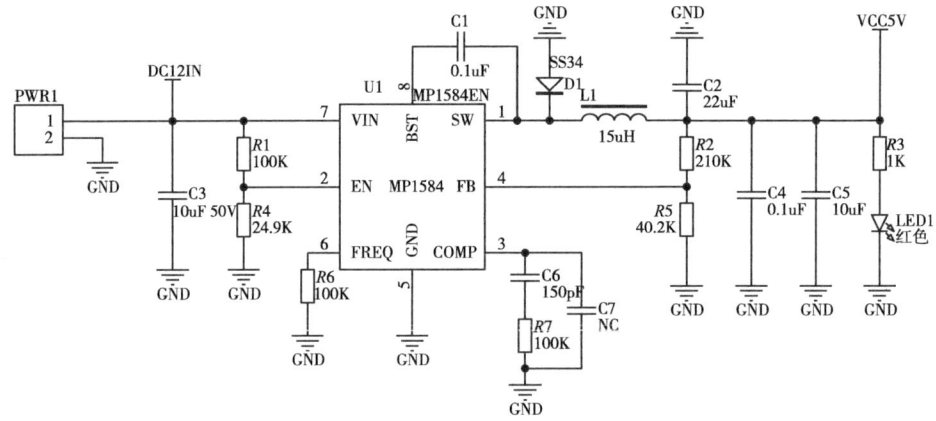

图 3-2-9　MP1584EN 电源模块

其中，输入电压范围：4.5~28V；输出电压范围：0.8~20V。

（五）数据存储方案

本设计中，EEPROM 的使用主要在于存储设备地址和通信波特率。其中 EEPROM 2402 是一种基于 I^2C 总线的存储设备，主要用于数据的非易失性存储，如图 3-2-10、表 3-2-5 所示。

图 3-2-10　EEPROM 2402

第三章 感知系统——土壤温湿度传感器的设计

表 3-2-5 设计的 EEPROM 存储方案

存储	定义	地址单元
地址	MEM_SYS_ADDR	0x00u
波特率	MEM_BTR_ADDR	0x01u

三、软件设计

（一）软件设计流程（图 3-3-1）

土壤温湿度程序设计涉及多个方面，包括硬件配置、传感器数据处理以及数据转换等，主要包括：

（1）初始化传感器和存储器。

（2）编写数据采集函数，通过单片机读取传感器的数据。

（3）编写数据处理函数，将采集到的数据转换为实际的温湿度值。

（4）配置通信模块，完成 RS-485 格式数据转换。

（二）传感器数据采集程序设计

1. 温度获取程序

MAX31865 的温度读取过程通常涉及以下几个步骤：

（1）初始化与寄存器配置

初始化 SPI 接口。通常包括设置 SPI 的模式（如主模式、从模式、数据大小、时钟极性和相位等）。

配置 MAX31865 的寄存器，通过 SPI 接口发送写命令来实现。例如，发送地址 0x80 后跟配置数据以设置 MAX31865 的工作模式，如图 3-3-2 所示。

本设计中 MAX31865 的配置如下：

```
#define _MAX31865_USE_FREERTOS   0           //未使用 FreeRTOS
#define _MAX31865_RREF           430.0f      //参考电阻值
#define _MAX31865_RNOMINAL       100.0f      //PT100
```

（2）温度读取

发送读取 RTD 电阻寄存器的命令。通常涉及发送读命令到 MAX31865 的指定寄存器地址（如 0x01 和 0x02）。

接收传感器返回的有效数据，转换为实际的 RTD 电阻值，表示 RTD 电阻

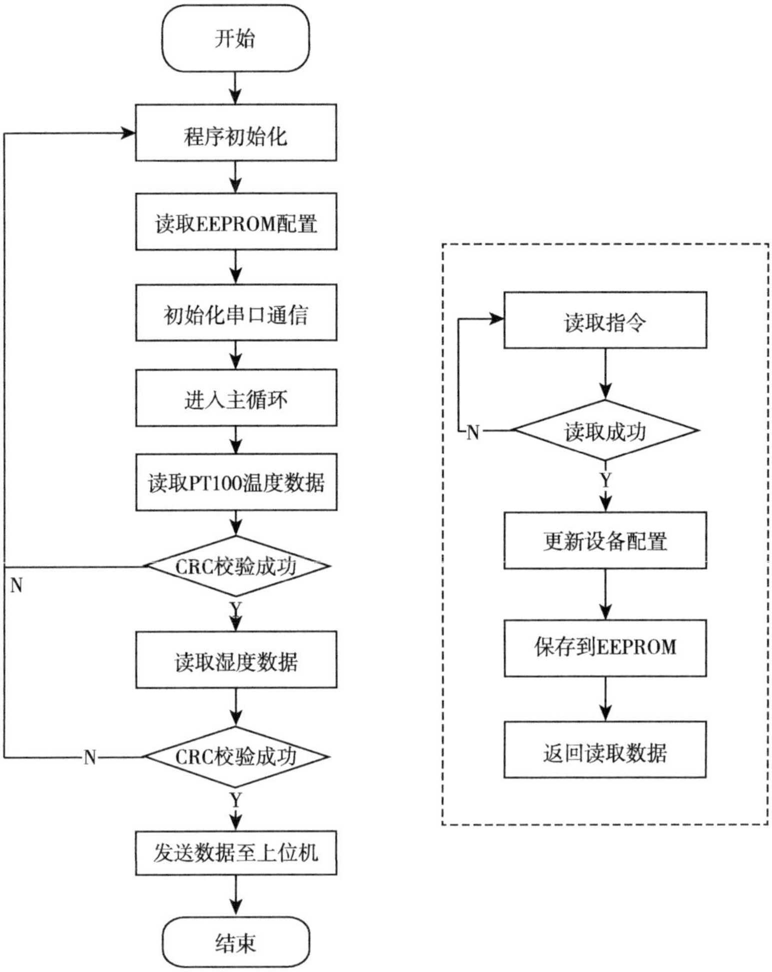

图 3-3-1 软件设计流程图

与参考电阻的比值。

将接收到的 15 位数据通过 ADC 编码。

使用 RTD 电阻值与温度之间的转换公式（如 Callendar–Van Dusen 方程）将电阻值转换为实际的温度值。

将读取的温度值通过串口发送。

读取温度数据的核心代码如下：

Max31865_init(&pt100, &hspi2, SENSOR_CS1_GPIO_Port, SENSOR_CS1_Pin, 3, 50);

第三章 感知系统——土壤温湿度传感器的设计

图 3-3-2 设置 MAX31865 的工作模式

while(1) {
 pt100isOK = Max31865_readTempC(&pt100, &t); //MAX31865 读取状态
 pt100Temp = Max31865_Filter(t, pt100Temp, 0. 1); //读取温度值
 Temperature = pt100Temp * 100/100;   //保留两位小数
 HAL_IWDG_Refresh(&hiwdg);   //看门狗复位
 HAL_Delay(5);
}

2. 湿度获取程序

电容式土壤湿度传感器接入读写器模块的方法为：

开启 ADC，随后开启 DMA 转换。

将采集的 ADC 数据转换成湿度。

读取湿度数据的核心代码如下：

HAL_ADCEx_Calibration_Start(&hadc1);   //开启 ADC
 HAL_ADC_Start_DMA(&hadc1, &ADC_Value, 1); //开启 DMA 转换
 while(1) {
  if(ADCStatus) {   //等待当前 ADC 湿度转换完成
   HAL_ADC_Start_DMA(&hadc1, &ADC_Value, 1); //启动 DMA 转换
  }
  HAL_IWDG_Refresh(&hiwdg);   //看门狗复位
  HAL_Delay(5);
 }
voidHAL_ADC_ConvCpltCallback(ADC_HandleTypeDef * hadc)

```
{
    if( ADC_Value>3931.2) {
      Humidity=0;
    }
    if( ADC_Value<655.2) {
      Humidity=100;
    }
//80%~100%区间计算
    if( ADC_Value>=655.2&&ADC_Value<982.8) {
    Humidity=(100-( ADC_Value-655.2)/(982.8-655.2)*20)*100/100;
    }
//60%~80%区间计算
    if( ADC_Value>=982.8&&ADC_Value<1474.2) {
    Humidity=(80-( ADC_Value-982.8)/(1474.2-982.8)*20)*100/100;
    }
//40%~60%区间计算
    if( ADC_Value>=1474.2&&ADC_Value<2211.3) {
    Humidity=(60-( ADC_Value-1474.2)/(2211.3-1474.2)*20)*100/100;
    }
//20%~40%区间计算
    if( ADC_Value>=2211.3&&ADC_Value<3112.2) {
    Humidity=(40-( ADC_Value-2211.3)/(3112.2-2211.3)*20)*100/100;
    }
//0%~20%区间计算
    if( ADC_Value>=3112.2&&ADC_Value<3931.2) {
    Humidity=(20-( ADC_Value-3112.2)/(3931.2-3112.2)*20)*100/100;
    }
    ADCStatus=true;//湿度转换完成标志
}
```

(三) 数据存储设置

EEPROM 的设置通常包括擦除、写入和读取操作，这些操作往往通过特定的命令和寄存器来实现，本设计的 EEPROM 设置内容如下。

第三章 感知系统——土壤温湿度传感器的设计

1. 擦除 EEPROM

擦除 EEPROM 是写入新数据前的必要步骤，以确保 EEPROM 的存储空间是干净的。擦除操作通常通过发送擦除命令到 EEPROM 的控制寄存器来完成。

2. 写入 EEPROM

写入 EEPROM 涉及将数据写入指定的存储地址。

3. 读取 EEPROM

读取 EEPROM 中的数据通常需要发送读取命令到 EEPROM 的控制寄存器，设置要读取数据的 EEPROM 地址，从 EEPROM 的数据寄存器中读取数据。EEPROM 参数设置如表 3-3-1 和图 3-3-3 所示。

表 3-3-1　EEPROM 参数设置

	参数	参数值
EEPROM 程序	_EEPROM_SIZE_KBIT	64h
	_EEPROM_I2C	i2c1
	_EEPROM_USE_FREERTOS	0
	_EEPROM_ADDRESS	0xA0
	_EEPROM_USE_WP_PIN	0
	_EEPROM_USE_IWDG	1

在 at24cxx.h 文件中进行的设置如图 3-3-3 所示：

图 3-3-3　EEPROM 参数设置

（四）通信设置

1. USART 设置

UART 串口的配置如下（图 3-3-4）：

extern intbRate;　　　　　　　　　//设定波特率值，从 EPPROM 中读取

huart1. Init. BaudRate = bRate;

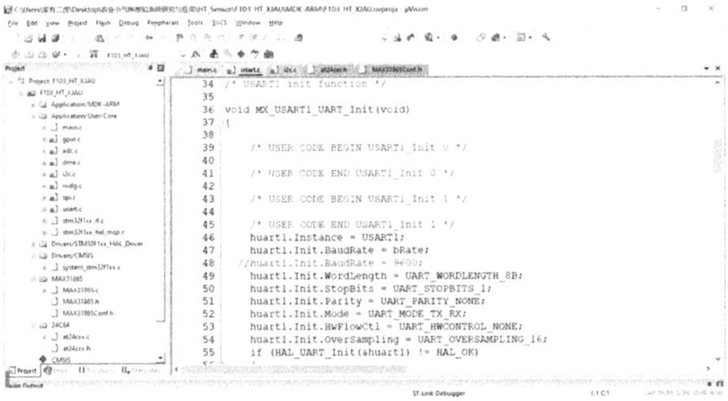

图 3-3-4　USART 串口设置

2. RS-485 的通信协议

数据查询：

（1）问询帧：地址-问询指令（固定03）-00-01-00-01-CRC_H-CRC_L

（2）响应帧：地址-问询指令（固定03）-数据长度（固定04）- Temperature_H-Temperature _L-Humidity_H-Humidity_L-CRC_H-CRC_L

//基于 RS-485 通信协议，采集温度数据并转换的方式如下：

```
voidHAL_UARTEx_RxEventCallback( UART_HandleTypeDef * huart, uint16_t Size)
{
    if( &huart1 = = huart) {
        crc = Calculate_CRC( u1RxBuf, Size-2) ;
        if( ( u1RxBuf[ Size-2] = = ( uint8_t) ( crc&0xFF) ) && ( u1RxBuf[ Size-1] = =
( uint8_t) ( crc>>8) ) ) {
            if( Address = = u1RxBuf[ 0])
            {
                if( readCmd = = u1RxBuf[ 1]) {//读取数据

                    if( 0x00 = = u1RxBuf[ 3] &&0x01 = = u1RxBuf[ 5])//只读温度
                    {
                    temp_int = ( int16_t) ( Temperature * 100) ;
                    readTxBuf[ 0] = Address;    //存放温度
                    readTxBuf[ 1] = readCmd;
                    readTxBuf[ 2] = 0x02;
```

```
            readTxBuf[3] = (temp_int>>8) & 0xFF;
            readTxBuf[4] = temp_int & 0xFF;
            Crc = Calculate_CRC(readTxBuf, 5);
            readTxBuf[5] = crc & 0xFF;
            readTxBuf[6] = (crc>>8) & 0xFF;
            HAL_UART_Transmit_DMA(&huart1, readTxBuf, 7);
        }
//基于 RS-485 通信协议,采集湿度数据并转换的格式如下:
        else if(0x01 == u1RxBuf[3] && 0x01 == u1RxBuf[5])//只读湿度
        {
            humi_int = (uint16_t)(Humidity * 100);
            readTxBuf[0] = Address;
            readTxBuf[1] = readCmd;
            readTxBuf[2] = 0x02;
            readTxBuf[3] = (humi_int>>8) & 0xFF;
            readTxBuf[4] = humi_int & 0xFF;
            crc = Calculate_CRC(readTxBuf, 5);
            readTxBuf[5] = crc & 0xFF;
            readTxBuf[6] = (crc>>8) & 0xFF;
            HAL_UART_Transmit_DMA(&huart1, readTxBuf, 7);
//基于 RS-485 通信协议,采集温湿度数据并转换的方式如下:
        } else if(0x00 == u1RxBuf[3] && 0x02 == u1RxBuf[5])//读温湿度
        {
            temp_int = (int16_t)(Temperature * 100);
            humi_int = (uint16_t)(Humidity * 100);
            readTxBuf[0] = Address;
            readTxBuf[1] = readCmd;
            readTxBuf[2] = 0x04;
            readTxBuf[3] = (temp_int>>8) & 0xFF;
            readTxBuf[4] = temp_int & 0xFF;
            readTxBuf[5] = (humi_int>>8) & 0xFF;
            readTxBuf[6] = humi_int & 0xFF;
            crc = Calculate_CRC(readTxBuf, 7);
```

```
            readTxBuf[7] = crc & 0xFF;
            readTxBuf[8] = (crc>>8) & 0xFF;
    HAL_UART_Transmit_DMA(&huart1, readTxBuf, sizeof(readTxBuf));
        }
    //基于 RS-485 通信协议，设置串口通信（读/写）方式如下：
        } else if(writeCmd = = u1RxBuf[1]) {//设置地址与串口波特率
            wAddress[0] =   u1RxBuf[2];
            wbRate[0] = u1RxBuf[3];
            wbRate[1] = u1RxBuf[4];
            wbRate[2] = u1RxBuf[5];
            wAStatus = at24_write(MEM_SYS_ADDR, wAddress, sizeof(wAddress),
100);
            HAL_Delay(10);
            wBStatus = at24_write(MEM_BTR_ADDR, wbRate, sizeof(wbRate), 100);
            HAL_Delay(10);

            if(wAStatus&&wBStatus) {//响应帧
                writeTxBuf[0] = rAddress[0];
                writeTxBuf[1] = 0x06;
                writeTxBuf[2] = wAddress[0];
                writeTxBuf[3] = wbRate[0];
                writeTxBuf[4] = wbRate[1];
                writeTxBuf[5] = wbRate[2];
                crc = Calculate_CRC(writeTxBuf, 6);
                writeTxBuf[6] = crc & 0xFF;
                writeTxBuf[7] = (crc>>8) & 0xFF;
                HAL_UART_Transmit_DMA(&huart1, writeTxBuf, sizeof(writeTxBuf));
            }
        }
    } else if(0XFF = = u1RxBuf[0] &&writeCmd = = u1RxBuf[1])//初始化设备
地址
{
            wAddress[0] =   0x01;
```

```
        wAStatus = at24_write( MEM_SYS_ADDR, wAddress, sizeof( wAddress) ,
100);
        HAL_Delay( 10);
        if( wAStatus) {//响应帧
           writeTxBuf[ 0] = u1RxBuf[ 0];
           writeTxBuf[ 1] = u1RxBuf[ 1];
           writeTxBuf[ 2] = u1RxBuf[ 2];
           writeTxBuf[ 3] = u1RxBuf[ 3];
           writeTxBuf[ 4] = u1RxBuf[ 4];
           writeTxBuf[ 5] = u1RxBuf[ 5];
           writeTxBuf[ 6] = u1RxBuf[ 6];
           writeTxBuf[ 7] = u1RxBuf[ 7];
            HAL_UART_Transmit_DMA( &huart1, writeTxBuf, sizeof( writeTx-
Buf));
        }
      }
   }

   for( uint8_t i = 0; i<Size; i++) {//清空缓存
      u1RxBuf[ i] = 0;
   }

   HAL_UARTEx_ReceiveToIdle_DMA ( &huart1, u1RxBuf, U1_BUFFER_
SIZE);//启动下一次 DMA 接收
   }
}
```

(五) 软件测试与验证

为了监控和测试 Modbus 设备，实验中通过 Modbus Poll 读取传感器的寄存器数据，通过配置软件的波特率，与 Modbus 进行连接，实验结果如图 3-3-5 所示。

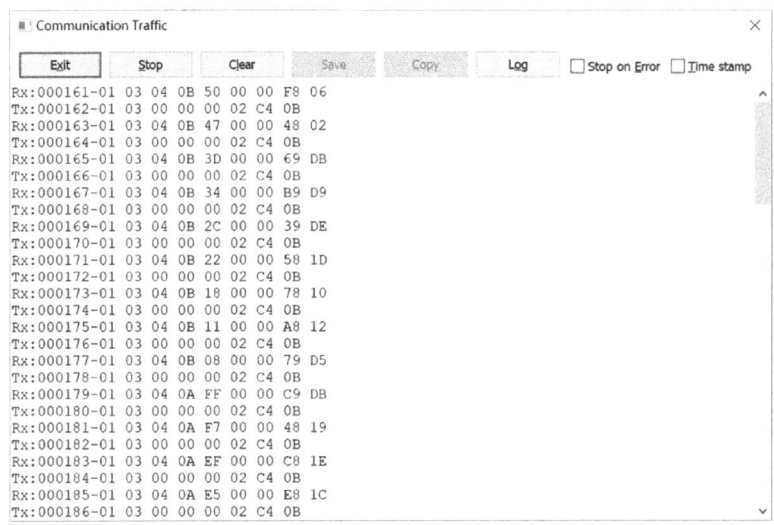

图 3-3-5 数据采集实验结果

四、系统集成与测试

（一）硬件电路集成

硬件整体设计思路：使用微控制器 STM32F103C8T6（MCU）进行数据的协议转换。MCU 充当从机设备，采用 HKSHC05S V2.1 湿度传感器采集土壤湿度，通过外接 HKSHRW8S V1.0 完成湿度模拟量的采集，随后接入单片机 ADC 模块完成湿度模拟量的转换。采用 PT100 采集土壤温度，通过 MAX31865 内置 ADC、数字控制器、SPI 兼容接口获取土壤温度数据。通过 I^2C 接口与 EEPROM 2402 连接，用于存储设备地址和通信波特率。选择 MP1584EN 电源模块为传感器的采集电路、控制电路、转换电路提供基准电压。

获取温湿度数据后，MCU 对数据进行处理和格式转换，以适应 MODBUS 协议的数据结构。MCU 作为从机设备，与上位机主机之间通过 RS-485 接口进行通信，采用 RS-485 MODBUS 协议进行土壤温湿度数据传输。整体的硬件框架如图 3-4-1 所示。

系统硬件焊接的电路如图 3-4-2 所示。

第三章 感知系统——土壤温湿度传感器的设计

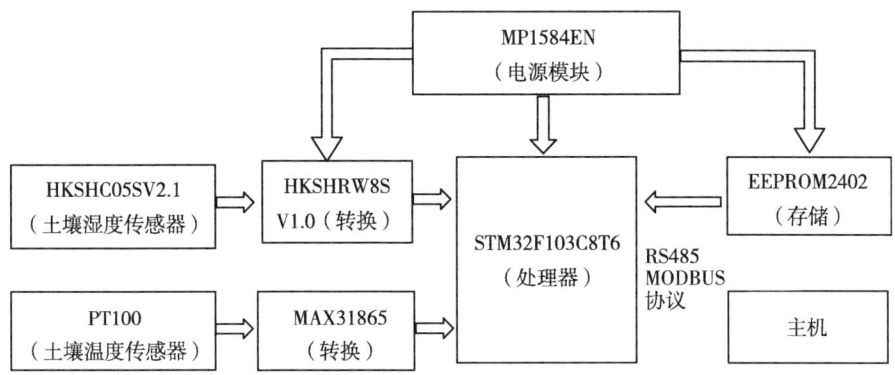

图 3-4-1 系统硬件框图

图 3-4-2 系统硬件焊接电路

（二）软件配置

1. 配置 STM32CubeMX 及选择 MCU

在搜索框输入本项目要用的单片机 STM32F103C8T6，选择 MCU 如图 3-4-3 所示。

2. 选择下载和调试模式

当选择 MCU 之后，默认进入芯片引脚配置 Pinout&Configuration 的界面，左边是选择栏，在这里配置是引脚的工作模式，右边是芯片的引脚图，直观地展示了芯片的引脚分布，如图 3-4-4 所示。

3. 选择时钟源和配置时钟树

STM32 微控制器的时钟系统是整个芯片运行的核心，它决定了各种外设和 CPU 的运行速度。在 System Core 下 RCC 配置页面配置高速时钟源（High Speed Clock）和低速时钟源（Low Speed Clock）。硬件电路设计时在 MCU 的外部设计了晶振作为时钟源，设置如图 3-4-5 所示。

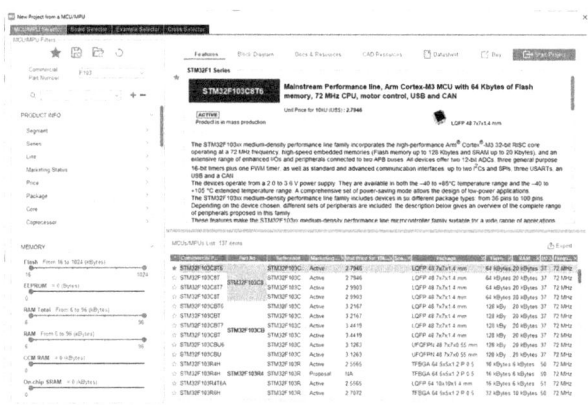

图 3-4-3　选择芯片

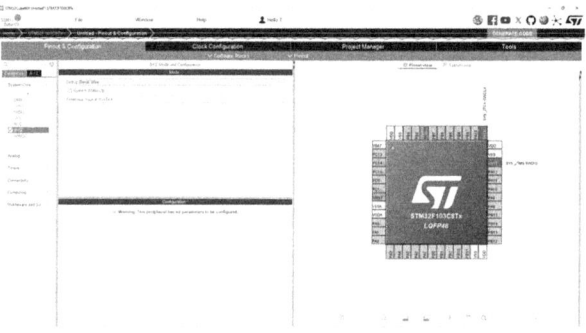

图 3-4-4　选择下载模式

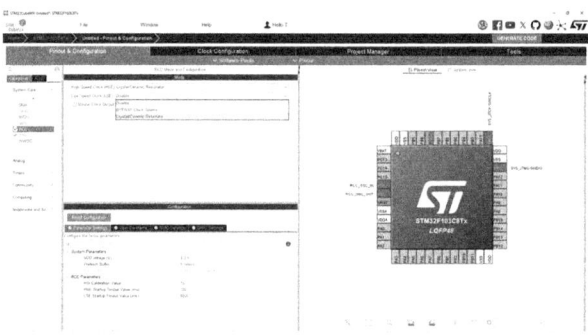

图 3-4-5　选择时钟源

点击 Clock Configuration 选项配置时钟树，在 System Clock Mux 中选择 PLLCLK；在 PLL Source Mux 中选择 HSE 作为 PLL 的输入时钟源，如图 3-4-6 所示。

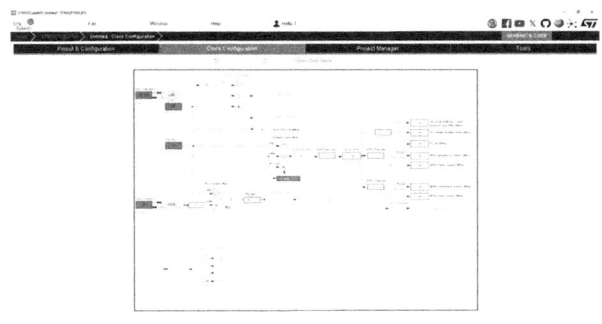

图 3-4-6　配置时钟树

4. 配置 ADC

设计中，选择 ADC1_IN6 读取湿度数据，配置环境如图 3-4-7 所示。

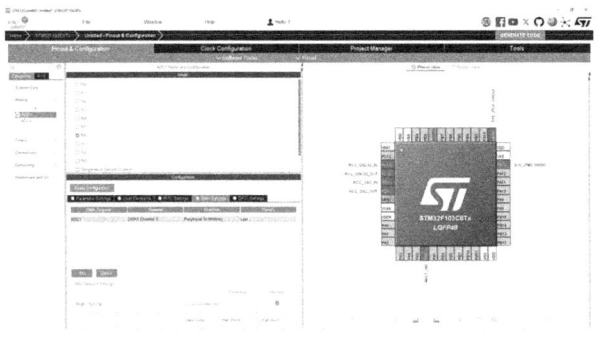

图 3-4-7　配置 ADC

（1）时钟配置

在配置 ADC 前，需先配置 ADC 时钟，通常在微控制器的时钟配置模块中进行。选择 ADC 对应的时钟源，并设置合适的时钟频率。

（2）GPIO 配置

将用于 ADC 输入的 GPIO 引脚配置为模拟输入模式，通常涉及设置引脚的模式为 GPIO_Mode_AIN（模拟输入），并禁用上拉/下拉电阻。

（3）ADC 初始化

接下来，需要对 ADC 进行初始化设置，包括设置 ADC 的工作模式（如独立模式或扫描模式）、分辨率、转换模式（单次转换或连续转换）、数据对齐方式、外部触发选项等。

(4) 通道配置

选择 ADC 的通道，并设置采样时间。采样时间决定了 ADC 采样模拟信号的时间长度，较长的采样时间可以提高转换精度，但也会降低转换速率。

(5) 配置 I^2C

本设计中，MCU 与 EEPROM 之间是通过 I^2C 进行通信的，所以需要配置 I^2C，在 Pinout&Configuration 选项卡中点击 Connectivity 展开列表。选项用来配置 MCU 不同的通信外设，通常用于与其他设备或模块进行数据通信，如图 3-4-8 所示。

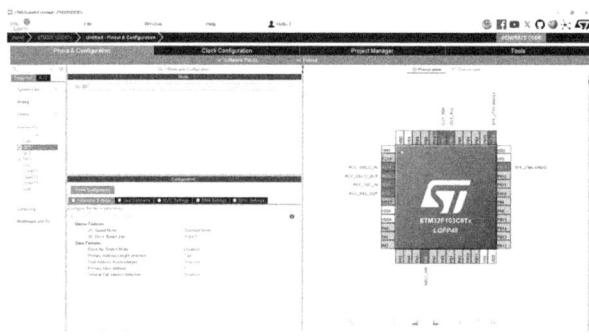

图 3-4-8 配置 I^2C

(6) 配置 SPI

设计中，连接 MAX31865 完成 PT100 温度转换，其中 SPI 的配置如图 3-4-9 所示。

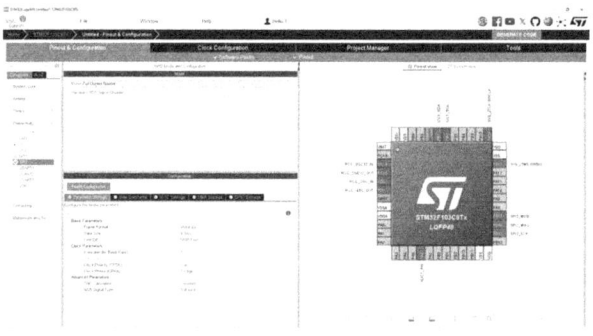

图 3-4-9 配置 SPI

第三章　感知系统——土壤温湿度传感器的设计

SPI 的配置通常涉及以下几个关键步骤：

配置 SPI 模式：SPI 模式配置包括设置 SPI 的工作模式（Mode 0，1，2，3），这由时钟极性（CPOL）和时钟相位（CPHA）决定。

配置时钟频率：设置 SPI 时钟频率，这决定了 SPI 通信的速率。

配置数据位数：设置每次传输的数据位数，通常为 8 位或 16 位。

（7）配置 USART

在硬件设计上通过 USART1 接口与 SSP3485 进行通信，这里在 Pinout&Configuration 选项卡中点击 Connectivity 展开列表，选择 USART1 接口。在 Mode 下选择 Asynchronous 模式，点击 Parameter Settings 配置页面，通常有以下几个配置选项：

Baud Rate：配置波特率。

Word Length：设置每个数据位的长度。

Parity：选择是否启用校验。

Stop Bits：设置停止位。

Data Direction：设置数据传输方向。

Over Sampling：通常保留为 16，这可以提高波特率的稳定性。

波特率选择 9600，其他配置保持默认即可，如图 3-4-10 所示。

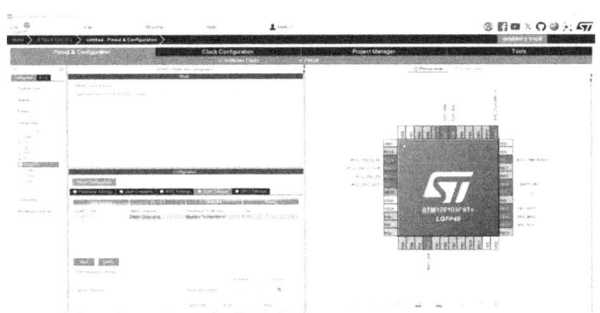

图 3-4-10　配置 USART1

（8）配置 IO 口

选择 PB12 引脚来显示 SSP3485 收发器的收发使能；在右边 Pinout view 中找到 PB12 引脚，左键点击可以配置 PB12 引脚，这里配置成 GPIO_Output 输出引脚。点击 GPIO 中的 PB12 选项弹出配置选项，配置如图 3-4-11 所示。

GPIO output level：选择初始输出电平，希望 SSP3485 芯片默认处于接收

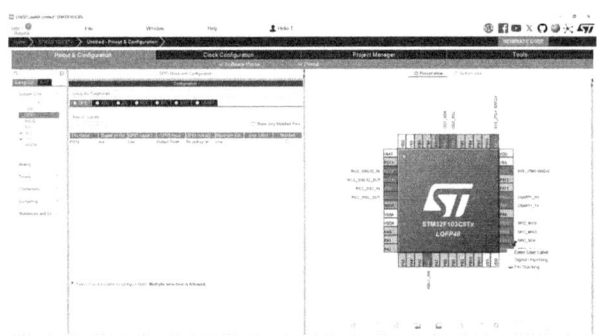

图 3-4-11 配置 IO 口

信号的工作模式，所以这里选择 Low 低电平。

GPIO mode：可以选择 Output Push Pull 推挽输出或者 Output Open Drain 开漏输出。

GPIO Pull-up/Pul-down：选择是否启用上拉或下拉电阻。这里两者都不需要选择 No pull-up and no pull-down。

Maximum output speed：选择 GPIO 输出的最大速度，设置为 Low 即可。

User Label：为 GPIO 引脚设置一个用户标签，便于在代码中识别。

（9）配置 NVIC

NVIC 是 ARM Cortex-M 微处理器内核中的一个重要组件，负责管理中断和异常。NVIC 提供了中断的优先级分组、中断使能、中断挂起和中断处理等功能，使得微处理器能够高效地响应和处理外部和内部的中断请求。通过 NVIC，开发者可以灵活地配置中断的优先级和响应顺序，以满足不同应用场景的需求，如图 3-4-12 所示。

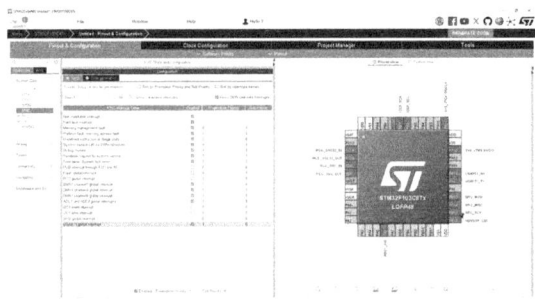

图 3-4-12 配置嵌套向量中断控制器

（10）STM32CubeMX 的 Project Manager

①Project 工程管理

Project 工程管理包含三部分内容：Project Settings 工程设置、Linker Settings 堆栈设置、McuandFirmwarePackage MCU 和固件包信息，配置如图 3-4-13 所示。其中，Project Settings 工程设置又包括：

图 3-4-13　Project 工程管理之代码生成配置（1）

Project Name：工程名称，如 Demo.uvprojx，以及对应工程里面目标名称。
Application Structure：应用程序结构，包含两个选项，分别是：
Basic：基础结构，一般不包含中间件（RTOS、文件系统、USB 设备等）。
Advanced：包含中间件，一般针对相对复杂一点的工程。

②Code Generator 代码生成

代码生成部分允许用户通过配置选项自动生成 STM32 项目的代码框架，从而简化开发过程，配置如图 3-4-14 所示。

图 3-4-14　Project 工程管理之代码生成配置（2）

在进行 STM32Project 管理时,需要熟悉 STM32CubeMX 软件的使用,了解各个配置项的含义和作用,以便正确配置项目并生成可运行的代码。此外,还需要掌握 STM32 的硬件知识和 C 语言编程技能,以便对生成的代码进行必要的修改和扩展。

至此 STM32CubeMX 基本配置完成,在 Project Manager 中填写项目名称,由于要在 μVision 提供的 MDK-ARM 开发环境中编写代码,所以在 Toolchain/IDE 选择 MDK-ARM,最后点击右上方 GENERATE CODE 生成代码即可,如图 3-4-15 所示。

图 3-4-15　生成的代码窗口

(三) 性能评估

实验性能测试时,在 PC 端打开 Modbus Poll,波特率配置成和主机一样的 9600,可以看到测出的温度、湿度的值实时显示在屏幕上。

1. 采集温度

采集温度的命令为:01 03 00 00 00 01 84 0A,采集的数据如图 3-4-16 所示。

(1) 数据解析:以 01 03 02 08 F2 3E 01 为例,其中 08 F2 是温度数据,转化为十进制数据为 2290。

(2) 换算实际温度:22.9℃。

2. 采集湿度

采集湿度的命令为:01 03 00 01 00 01 D5 CA,采集的数据如图 3-4-17 所示。

(1) 数据解析:以 01 03 02 0e 7b fc 07 为例,其中 0e 7b 是湿度数据,转换为十进制数据为 3707。

第三章 感知系统——土壤温湿度传感器的设计

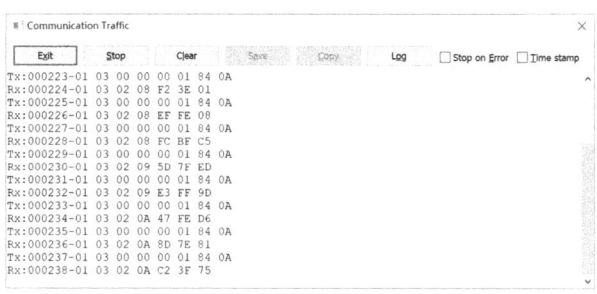

图 3-4-16 土壤温度采集数据

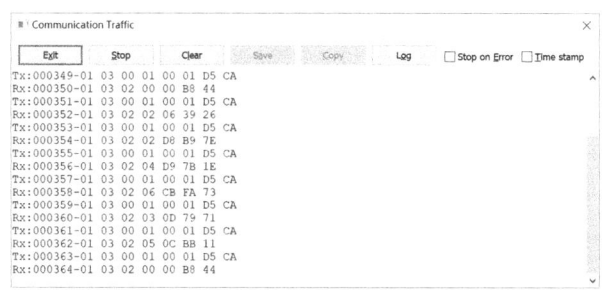

图 3-4-17 土壤湿度采集数据

（2）换算实际湿度：37.07%RH。

3. 采集温度、湿度

采集温度、湿度的命令为：01 03 00 00 00 02 C4 0B，采集的数据如图 3-4-18 所示。

数据解析：以 01 03 04 0B 8A 0A 75 1E BA 为例，其中 0B 8A 为温度数据，温度值为 29.54℃；0A 75 为湿度数据，湿度值为 26.77%RH。

据此，将传感器采集的数据以折线图的方式呈现，可以更清晰地看到试验地的土壤温湿度变化，数据见附录《传感器采集的土壤温湿度数据》，可视化效果如图 3-4-19 所示。

基于土壤温湿度采集系统的设计，利用 STM32 的强大功能实现了稳定、高效的数据采集和处理。系统设计考虑了数据的可靠性和实时性，通过软件和硬件的协同工作，实现了从传感器数据获取到温湿度值并输出的完整流程。在实际应用中，可以根据需要进一步优化系统的精度和响应速度，以满足不同环境监测的要求。

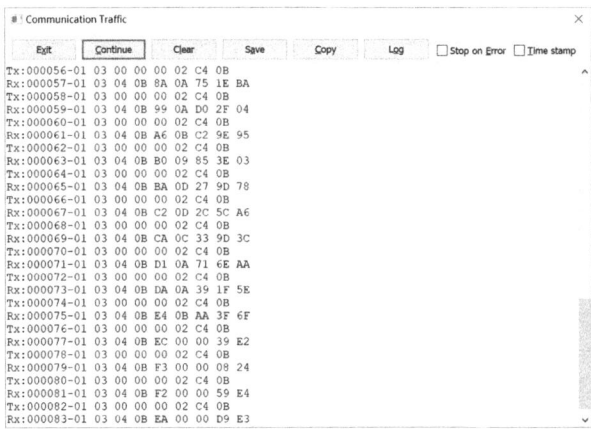

图 3-4-18　土壤温湿度数据展示

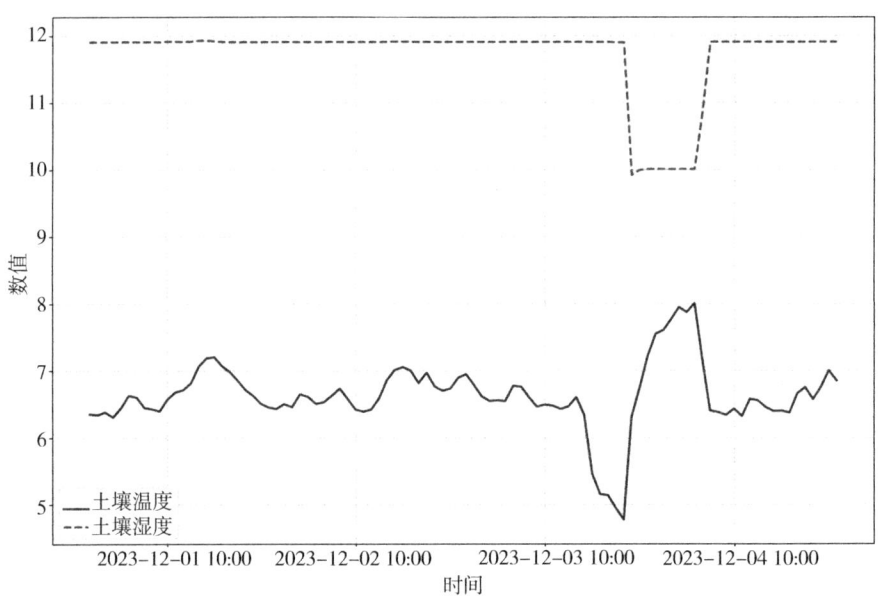

图 3-4-19　土壤温湿度折线图

参考文献

[1] WANG W Y, AKHTAR K, REN G X, et al., Impact of straw management on seasonal soil carbon dioxide emissions, soil water content, and temperature in a semi-arid region of China [J]. Science of the Total Environment, 2019, 652: 471-482.

[2] SILVA B D, MOITINHO M R, SANTOS G A D, et al., Soil CO_2 emission and short-term soil pore class distribution after tillage operations [J]. Soil & Tillage Research, 2019, 186: 224-232.

[3] YU L M, GAO W L, SHAMSHIRI R M R, et al., Review of research progress on soil moisture sensor technology [J]. International Journal of Agricultural and Biological Engineering, 2021, 14 (4): 32-42.

[4] SENEVIRATNE S I, CORTI T, DAVIN E L, et al., Investigating soil moisture-climate interactions in a changing climate: A review [J]. Earth-Science Reviews, 2010, 99 (3-4): 125-161.

附录

PT100 热电阻分度表

温度/℃	电阻值/Ω									
	0	1	2	3	4	5	6	7	8	9
-200	18.52									
-190	22.83	22.4	21.97	21.54	21.11	20.68	20.25	19.82	19.38	18.95
-180	27.1	26.67	26.24	25.82	25.39	24.97	24.54	24.11	23.68	23.25
-170	31.34	30.91	30.49	30.07	29.64	29.22	28.8	28.37	27.95	27.52
-160	35.54	35.12	34.7	34.28	33.86	33.44	33.02	32.6	32.18	31.76
-150	39.72	39.31	38.89	38.47	38.05	37.64	37.22	36.8	36.38	35.96
-140	43.88	43.46	43.05	42.63	42.22	41.8	41.39	40.97	40.56	40.14
-130	48	47.59	47.18	46.77	46.36	45.94	45.53	45.12	44.7	44.29
-120	52.11	51.7	51.29	50.88	50.47	50.06	49.65	49.24	48.83	48.42
-110	56.19	55.79	55.38	54.97	54.56	54.15	53.75	53.34	52.93	52.52
-100	60.26	59.85	59.44	59.04	58.63	58.23	57.82	57.41	57.01	56.6
-90	64.3	63.9	63.49	63.09	62.68	62.28	61.88	61.47	61.07	60.66
-80	68.33	67.92	67.52	67.12	66.72	66.31	65.91	65.51	65.11	64.7
-70	72.33	71.93	71.53	71.13	70.73	70.33	69.93	69.53	69.13	68.73

(续表)

温度/℃	电阻值/Ω									
	0	1	2	3	4	5	6	7	8	9
−60	76.33	75.93	75.53	75.13	74.73	74.33	73.93	73.53	73.13	72.73
−50	80.31	79.91	79.51	79.11	78.72	78.32	77.92	77.52	77.12	
−40	84.27	83.87	83.48	83.08	82.69	82.29	81.89	81.5	81.1	80.7
−30	88.22	87.83	87.43	87.04	86.64	86.25	85.85	85.46	85.06	84.67
−20	92.16	91.77	91.37	90.98	90.59	90.19	89.8	89.4	89.01	88.62
−10	96.09	95.69	95.3	94.91	94.52	94.12	93.73	93.34	92.95	92.55
0	100	99.61	99.22	98.83	98.44	98.04	97.65	97.26	96.87	96.48
0	100	100.39	100.78	101.17	101.56	101.95	102.34	102.73	103.12	103.51
10	103.9	104.29	104.68	105.07	105.46	105.85	106.24	106.63	107.02	107.4
20	107.79	108.18	108.57	108.96	109.35	109.73	110.12	110.51	110.9	111.29
30	111.67	112.06	112.45	112.83	113.22	113.61	114	114.38	114.77	115.15
40	115.54	115.93	116.31	116.7	117.08	117.47	117.86	118.24	118.63	119.01
50	119.4	119.78	120.17	120.55	120.94	121.32	121.71	122.09	122.47	122.86
60	123.24	123.63	124.01	124.39	124.78	125.16	125.54	125.93	126.31	126.69
70	127.08	127.46	127.84	128.22	128.61	128.99	129.37	129.75	130.13	130.52
80	130.9	131.28	131.66	132.04	132.42	132.8	133.18	133.57	133.95	134.33
90	134.71	135.09	135.47	135.85	136.23	136.61	136.99	137.37	137.75	138.13
100	138.51	138.88	139.26	139.64	140.02	140.4	140.78	141.16	141.54	141.91
110	142.29	142.67	143.05	143.43	143.8	144.18	144.56	144.94	145.31	145.69
120	146.07	146.44	146.82	147.2	147.57	147.95	148.33	148.7	149.08	149.46
130	149.83	150.21	150.58	150.96	151.33	151.71	152.08	152.46	152.83	153.21
140	153.58	153.96	154.33	154.71	155.08	155.46	155.83	156.2	156.58	156.95
150	157.33	157.7	158.07	158.45	158.82	159.19	159.56	159.94	160.31	160.68
160	161.05	161.43	161.8	162.17	162.54	162.91	163.29	163.66	164.03	164.4
170	164.77	165.14	165.51	165.89	166.26	166.63	167	167.37	167.74	168.11
180	168.48	168.85	169.22	169.59	169.96	170.33	170.7	171.07	171.43	171.8
190	172.17	172.54	172.91	173.28	173.65	174.02	174.38	174.75	175.12	175.49
200	175.86	176.22	176.59	176.96	177.33	177.69	178.06	178.43	178.79	179.16
210	179.53	179.89	180.26	180.63	180.99	181.36	181.72	182.09	182.46	182.82
220	183.19	183.55	183.92	184.28	184.65	185.01	185.38	185.74	186.11	186.47
230	186.84	187.2	187.56	187.93	188.29	188.66	189.02	189.38	189.75	190.11
240	190.47	190.84	191.2	191.56	191.92	192.29	192.65	193.01	193.37	193.74
250	194.1	194.46	194.82	195.18	195.55	195.91	196.27	196.63	196.99	197.35
260	197.71	198.07	198.43	198.79	199.15	199.51	199.87	200.23	200.59	200.95

（续表）

温度/℃	电阻值/Ω									
	0	1	2	3	4	5	6	7	8	9
270	201.31	201.67	202.03	202.39	202.75	203.11	203.47	203.83	204.19	204.55
280	204.9	205.26	205.62	205.98	206.34	206.7	207.05	207.41	207.77	208.13
290	208.48	208.84	209.2	209.56	209.91	210.27	210.63	210.98	211.34	211.7
300	212.05	212.41	212.76	213.12	213.48	213.83	214.19	214.54	214.9	215.25
310	215.61	215.96	216.32	216.67	217.03	217.38	217.74	218.09	218.44	218.8
320	219.15	219.51	219.86	220.21	220.57	220.92	221.27	221.63	221.98	222.33
330	222.68	223.04	223.39	223.74	224.09	224.45	224.8	225.15	225.5	225.85
340	226.21	226.56	226.91	227.26	227.61	227.96	228.31	228.66	229.02	229.37
350	229.72	230.07	230.42	230.77	231.12	231.47	231.82	232.17	232.52	232.87
360	233.21	233.56	233.91	234.26	234.61	234.96	235.31	235.66	236	236.35
370	236.7	237.05	237.4	237.74	238.09	238.44	238.79	239.13	239.48	239.83
380	240.18	240.52	240.87	241.22	241.56	241.91	242.26	242.6	242.95	243.29
390	243.64	243.99	244.33	244.68	245.02	245.37	245.71	246.06	246.4	246.75
400	247.09	247.44	247.78	248.13	248.47	248.81	249.16	249.5	245.85	250.19
410	250.53	250.88	251.22	251.56	251.91	252.25	252.59	252.93	253.28	253.62
420	253.96	254.3	254.65	254.99	255.33	255.67	256.01	256.35	256.7	257.04
430	257.38	257.72	258.06	258.4	258.74	259.08	259.42	259.76	260.1	260.44
440	260.78	261.12	261.46	261.8	262.14	262.48	262.82	263.16	263.5	263.84
450	264.18	264.52	264.86	265.2	265.53	265.87	266.21	266.55	266.89	267.22
460	267.56	267.9	268.24	268.57	268.91	269.25	269.59	269.92	270.26	270.6
470	270.93	271.27	271.61	271.94	272.28	272.61	272.95	273.29	273.62	273.96
480	274.29	274.63	274.96	275.3	275.63	275.97	276.3	276.64	276.97	277.31
490	277.64	277.98	278.31	278.64	278.98	279.31	279.64	279.98	280.31	280.64
500	280.98	281.31	281.64	281.98	282.31	282.64	282.97	283.31	283.64	283.97
510	284.3	284.63	284.97	285.3	285.63	285.96	286.29	286.62	286.85	287.29
520	287.62	287.95	288.28	288.61	288.94	289.27	289.6	289.93	290.26	290.59
530	290.92	291.25	291.58	291.91	292.24	292.56	292.89	293.22	293.55	293.88
540	294.21	294.54	294.86	295.19	295.52	295.85	296.18	296.5	296.83	297.16
550	297.49	297.81	298.14	298.47	298.8	299.12	299.45	299.78	300.1	300.43
560	300.75	301.08	301.41	301.73	302.06	302.38	302.71	303.03	303.36	303.69
570	304.01	304.34	304.66	304.98	305.31	305.63	305.96	306.28	306.61	306.93
580	307.25	307.58	307.9	308.23	308.55	308.87	309.2	309.52	309.84	310.16
590	310.49	310.81	311.13	311.45	311.78	312.1	312.42	312.74	313.06	313.39
600	313.71	314.03	314.35	314.67	314.99	315.31	315.64	315.96	316.28	316.6

(续表)

温度/℃	电阻值/Ω									
	0	1	2	3	4	5	6	7	8	9
610	316.92	317.24	317.56	317.88	318.2	318.52	318.84	319.16	319.48	319.8
620	320.12	320.43	320.75	321.07	321.39	321.71	322.03	322.35	322.67	322.98
630	323.3	323.62	323.94	324.26	324.57	324.89	325.21	325.53	325.84	326.16
640	326.48	326.79	327.11	327.43	327.74	328.06	328.38	328.69	329.01	329.32
650	329.64	329.96	330.27	330.59	330.9	331.22	331.53	331.85	332.16	332.48

传感器采集的土壤温湿度数据

更新时间	土壤温度/℃	土壤湿度/%RH	更新时间	土壤温度/℃	土壤湿度/%RH
2023-12-01 00：00：23	6.40	11.90	2023-12-01 00：13：22	6.40	11.90
2023-12-01 00：00：53	6.40	11.90	2023-12-01 00：13：52	6.40	11.90
2023-12-01 00：01：23	6.00	11.90	2023-12-01 00：14：22	6.00	11.90
2023-12-01 00：01：54	6.40	11.90	2023-12-01 00：14：52	6.40	11.90
2023-12-01 00：02：26	6.40	11.90	2023-12-01 00：15：24	6.40	11.90
2023-12-01 00：02：54	6.40	11.90	2023-12-01 00：15：52	6.40	11.90
2023-12-01 00：03：23	6.40	11.90	2023-12-01 00：16：22	6.40	11.90
2023-12-01 00：03：54	6.40	11.90	2023-12-01 00：16：52	6.40	11.90
2023-12-01 00：04：24	6.00	11.90	2023-12-01 00：17：23	6.00	11.90
2023-12-01 00：04：53	6.30	11.90	2023-12-01 00：17：52	6.40	11.90
2023-12-01 00：05：24	6.40	11.90	2023-12-01 00：18：23	6.40	11.90
2023-12-01 00：05：53	6.30	11.90	2023-12-01 00：18：53	6.40	11.90
2023-12-01 00：06：24	6.40	11.90	2023-12-01 00：19：23	6.40	11.90
2023-12-01 00：06：54	6.40	11.90	2023-12-01 00：19：53	6.40	11.90
2023-12-01 00：07：24	6.00	11.90	2023-12-01 00：20：25	6.40	11.90
2023-12-01 00：07：54	6.40	11.90	2023-12-01 00：20：53	6.40	11.90
2023-12-01 00：08：24	6.40	11.90	2023-12-01 00：21：23	6.40	11.90
2023-12-01 00：08：54	6.40	11.90	2023-12-01 00：21：53	6.40	11.90
2023-12-01 00：09：24	6.40	11.90	2023-12-01 00：22：23	6.40	11.90
2023-12-01 00：09：54	6.40	11.90	2023-12-01 00：22：53	6.50	11.90
2023-12-01 00：10：23	6.00	11.90	2023-12-01 00：23：23	6.00	11.90
2023-12-01 00：10：56	6.40	11.90	2023-12-01 00：23：54	6.10	11.90
2023-12-01 00：11：22	6.00	11.90	2023-12-01 00：24：23	6.40	11.90
2023-12-01 00：11：52	6.00	11.90	2023-12-01 00：24：53	6.50	11.90
2023-12-01 00：12：24	6.40	11.90	2023-12-01 00：25：23	6.40	11.90
2023-12-01 00：12：54	6.40	11.90	2023-12-01 00：25：53	6.50	11.90

(续表)

更新时间	土壤温度/℃	土壤湿度/%RH	更新时间	土壤温度/℃	土壤湿度/%RH
2023-12-01 00:26:24	6.10	11.90	2023-12-01 00:46:54	6.50	11.90
2023-12-01 00:26:54	6.10	11.90	2023-12-01 00:47:25	6.50	11.90
2023-12-01 00:27:24	6.50	11.90	2023-12-01 00:47:55	6.10	11.90
2023-12-01 00:27:54	6.40	11.90	2023-12-01 00:48:25	6.50	11.90
2023-12-01 00:28:24	6.50	11.90	2023-12-01 00:48:55	6.50	11.90
2023-12-01 00:28:54	6.50	11.90	2023-12-01 00:49:25	6.50	11.90
2023-12-01 00:29:24	6.10	11.90	2023-12-01 00:49:55	6.50	11.90
2023-12-01 00:29:54	6.10	11.90	2023-12-01 00:50:25	6.50	11.90
2023-12-01 00:30:25	6.50	11.90	2023-12-01 00:50:55	6.10	11.90
2023-12-01 00:30:54	6.50	11.90	2023-12-01 00:51:25	6.50	11.90
2023-12-01 00:31:25	6.50	11.90	2023-12-01 00:51:55	6.50	11.90
2023-12-01 00:31:55	6.50	11.90	2023-12-01 00:52:25	6.50	11.90
2023-12-01 00:32:25	6.10	11.90	2023-12-01 00:52:53	6.50	11.90
2023-12-01 00:32:53	6.10	11.90	2023-12-01 00:53:25	6.50	11.90
2023-12-01 00:33:23	6.50	11.90	2023-12-01 00:53:53	6.10	11.90
2023-12-01 00:33:53	6.50	11.90	2023-12-01 00:54:28	6.50	11.90
2023-12-01 00:34:23	6.50	11.90	2023-12-01 00:54:54	6.50	11.90
2023-12-01 00:34:53	6.50	11.90	2023-12-01 00:55:24	6.50	11.90
2023-12-01 00:35:53	6.10	11.90	2023-12-01 00:55:54	6.50	11.90
2023-12-01 00:36:23	6.50	11.90	2023-12-01 00:56:24	6.50	11.90
2023-12-01 00:36:53	6.50	11.90	2023-12-01 00:56:54	6.10	11.90
2023-12-01 00:37:54	6.50	11.90	2023-12-01 00:57:24	6.50	11.90
2023-12-01 00:38:24	6.10	11.90	2023-12-01 00:57:54	6.50	11.90
2023-12-01 00:38:54	6.10	11.90	2023-12-01 00:58:25	6.50	11.90
2023-12-01 00:39:24	6.50	11.90	2023-12-01 00:58:54	6.50	11.90
2023-12-01 00:39:54	6.50	11.90	2023-12-01 00:59:24	6.50	11.90
2023-12-01 00:40:24	6.50	11.90	2023-12-01 00:59:54	6.10	11.90
2023-12-01 00:40:54	6.50	11.90	2023-12-01 01:00:25	6.50	11.90
2023-12-01 00:41:24	6.10	11.90	⋮	⋮	⋮
2023-12-01 00:41:54	6.10	11.90	⋮	⋮	⋮
2023-12-01 00:42:24	6.50	11.90	⋮	⋮	⋮
2023-12-01 00:42:54	6.50	11.90	2023-12-04 23:49:04	6.90	11.90
2023-12-01 00:43:24	6.50	11.90	2023-12-04 23:49:34	6.90	11.90
2023-12-01 00:43:54	6.50	11.90	2023-12-04 23:50:04	6.90	11.90
2023-12-01 00:44:24	6.50	11.90	2023-12-04 23:50:34	6.90	11.90
2023-12-01 00:44:54	6.10	11.90	2023-12-04 23:51:04	6.50	11.90
2023-12-01 00:45:24	6.50	11.90	2023-12-04 23:51:34	6.50	11.90
2023-12-01 00:45:54	6.50	11.90	2023-12-04 23:52:04	6.90	11.90
2023-12-01 00:46:25	6.50	11.90	2023-12-04 23:52:34	6.90	11.90

（续表）

更新时间	土壤温度/℃	土壤湿度/%RH	更新时间	土壤温度/℃	土壤湿度/%RH
2023-12-04 23：53：08	6.90	11.90	2023-12-04 23：56：34	6.80	11.90
2023-12-04 23：53：35	6.90	11.90	2023-12-04 23：57：04	6.40	11.90
2023-12-04 23：54：04	6.50	11.90	2023-12-04 23：57：34	6.40	11.90
2023-12-04 23：54：34	6.50	11.90	2023-12-04 23：58：05	6.80	11.90
2023-12-04 23：55：05	6.90	11.90	2023-12-04 23：58：34	6.80	11.90
2023-12-04 23：55：34	6.90	11.90	2023-12-04 23：59：06	6.80	11.90
2023-12-04 23：56：05	6.90	11.90	2023-12-04 23：59：35	6.80	11.90

第四章 感知系统——风速风向传感器设计

一、引言

大气温度、水汽（湿度）、风场及大气压力是重要的大气气象参数，也是气象部门进行大气观测的基本参数。这些气象参数与大气中的气溶胶之间相互影响，对大气污染、气象现象、气候以及大气辐射、热力学、动力学的变化起着至关重要的作用。开展大气水汽、温度的探测研究，对于提高天气预报的准确性，研究云的形成、降水、大气污染物的扩散机理具有重要的科学研究意义。

风能作为一种取之不尽、用之不竭的新型能源，与人类的日常生活、工业生产等息息相关。风能不仅是重要的可再生资源，还对我们所生存的环境产生深远影响。风是相对于大气表面的空气运动，在多个领域中发挥着重要作用，特别是在农业领域，风速和风向的测量对农场的管理和作物的生长具有至关重要的影响。

在农业生产中，风速和风向的变化直接影响着农作物的生长环境、病虫害的传播、灌溉效率以及农业机械的使用。例如，适当的风速可以促进作物的通风和光合作用，提高产量和品质；而过强的风速则可能导致作物受损，影响生长和收成。风向的变化也会影响病虫害的传播路径，从而影响作物的健康。此外，风速和风向的监测对于精准灌溉和喷洒农药也具有重要意义，可以帮助农民更合理地利用水资源，减少农药的过量使用，提高农业生产的经济效益和环境效益。

在环境监控方面，风参数的测量同样不可或缺。风速和风向的变化可以影响污染物的扩散和沉积，对空气质量产生直接影响。通过精确的风参数测量，可以更好地预测和控制环境污染，保护农田的生态环境。例如，在喷洒农药时，如果风速过大或风向不适宜，可能会导致农药飘移，污染周边环境，从而影响人体健康和生态平衡。

为了更加有效、合理地利用风能，使其在农业生产中发挥更大的作用，对风速和风向的测量至关重要。准确的风参数数据不仅有助于优化农业管理，提高农作物的产量和质量，还可以为气象预报、环境监测和灾害预防提供重要的科学依据。随着技术的不断进步，特别是超声波风速仪等先进测风技术的应用，风参数测量的精度和效率得到了显著提升，为现代农业的发展提供了强有力的技术支持。

对大气温度、水汽、风场及大气压力等气象参数的探测研究，不仅具有重要的科学意义，还对农业生产、环境保护和灾害预防具有深远的现实意义。通过不断改进和优化风参数测量技术，可以更好地服务于现代农业的发展，推动农业生产的可持续性和生态友好型社会的建设。随着集成电路技术的飞速发展，测量风速的仪器也发生了根本性的变化，从传统的机械式风向仪演变为更为先进高效的超声波风速仪。常用的测风方法主要包括机械式、热式和超声波式等。

二、常用的风速和风向传感器

市面上的风速风向传感器种类众多，根据其工作原理和结构设计，大致可以分为以下几类：超声波风速风向传感器、杯式风速风向传感器以及热线风速传感器。每种类型的风速传感器都有其独特的优点和缺点，适用于不同的应用场景。

（一）超声波风速风向传感器（图4-2-1）

声波在空气中的传播速度会受到风速的影响。当风速为0m/s时，声波沿着直线传播；当有风时，风会提升或降低声波的传播速度，具体取决于风的方向与声波传播方向的相对关系。超声波风速风向传感器利用超声波在空气中的传播时间差来测量风速和风向。其基本原理是通过发射超声波脉冲，并测量超声波在顺风和逆风方向上的传播时间差异。具体来说，超声波风速传感器通常在两个方向上设置多个超声波发射和接收装置，通过计算超声波在不同方向的传播时间差，来测定风速和风向。超声波风速风向传感器的核心结构通常包括以下部分：

超声波发射器和接收器：传感器内部通常配备多个超声波发射器和接收器，分布在不同位置。这些发射器和接收器成对工作，形成多个测量路径。

计时电路：用于精确测量超声波信号在两个点之间的传播时间。

信号处理单元：用于分析接收到的超声波信号，并计算风速和风向。

控制电路：负责控制超声波的发射频率和信号处理。

超声波风速风向传感器的工作过程可以分为以下几个步骤：传感器的发射器以固定频率发射超声波信号。这些信号是高频声波（通常在 20kHz 以上），超出了人耳的听觉范围，因此被称为超声波。超声波信号从发射器发出后，在空气中传播。如果风速为 0m/s，声波会以固定的速度沿着直线传播；如果有风，声波的传播速度会受到风速的影响。当声波的传播方向与风向相同时，风会

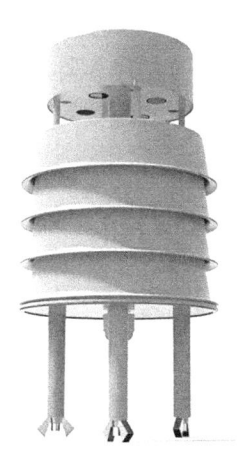

图 4-2-1　超声波风速风向传感器

提升声波的传播速度，当声波的传播方向与风向相反时，风会降低声波的传播速度。接收器接收到超声波信号后，会将信号传输到计时电路和信号处理单元。传感器通过测量超声波信号在两个点之间的传播时间差来计算风速和风向。通常，传感器会在多个方向上进行测量，例如，在水平面内形成一个或多个声波路径（如 X 轴、Y 轴、Z 轴），以便同时获取风速和风向的信息。

超声波风速风向传感器的核心算法是通过声波传播时间差来计算风速和风向。假设传感器在两个固定点 A 和 B 之间形成一条声波路径，声波从 A 到 B 的传播时间为 t_{AB}，从 B 到 A 的传播时间为 t_{BA}。当风速为 0 时，声波在两个方向上的传播时间是相同的；当有风时，两个方向上的传播时间会有所不同。

风速可以通过以下公式计算：

$$v = \frac{d}{2} \times \frac{t_{BA} - t_{AB}}{t_{AB} \times t_{BA}}$$

其中，v 是风速；d 是两个测量点之间的距离；t_{AB} 和 t_{BA} 分别是声波沿两个方向传播的时间。

风向可以通过多个声波路径的测量结果来确定。通常，传感器会在两个或三个相互垂直的方向上（如 X 轴和 Y 轴）进行测量，然后根据各个方向上的时间差推算出风的方向。

超声波风速风向传感器无需机械运动部件，因此几乎不存在磨损和维护需求，能够长期稳定运行。其非接触式测量方式使其能够提供高精度的风速和风向测量结果，风速误差通常在 ±0.1m/s 以内，风向误差也极小。传感器能够测

量从低风速（低至0.1m/s）到强风速（高达数十米每秒）的广泛范围，适用于多种环境条件下的风速监测。

超声波风速风向传感器具有快速响应和实时监测的能力，能够及时捕捉风速和风向的动态变化，特别适合需要实时数据的应用场景，如气象监测、风力发电、航空航天等。此外，该传感器不受灰尘、雨雪等环境因素的影响，能够在各种恶劣环境中稳定工作，适合户外和工业现场的长期使用。

然而，与传统的机械式风速传感器相比，超声波传感器的价格较高，初期投资较大。声波传播速度会受到环境温度和气压的影响，因此在实际应用中需要进行温度补偿，以确保测量结果的准确性。此外，传感器的安装要求较高，需要精确调整以确保声波路径的稳定性，避免信号干扰，从而保证测量的可靠性和准确性。

针对目前风速传感器启动风速高、设计方案复杂、无法准确测量巷道整个断面平均风速的问题，安赛等[1]基于超声波对射式测风原理，设计了以STM32为核心的矿用对射式风速风向传感器，介绍了传感器总体结构、收发电路设计、滤波算法及软件流程。该传感器改变了以点带面的测风方式，通过大距离（5~12m）超声测风技术测量巷道中线风速，以该风速代表整个巷道的平均风速，提高了巷道风速测量的准确性和实时性。

针对现有的超声波测风仪测量精度不高、受环境温湿度及阴影效应等因素影响较大等问题，单泽彪等[2]提出了一种基于二次相关的互射式三阵元超声波测风方法，采用三阵元互射式阵列结构并结合二次相关的时延估计算法进行超声波传播时间测量，进而根据超声波传播时间与风速风向的关系得到风速风向值，具有较强的噪声抑制能力，而且可减小阴影效应及消除温湿度对风速风向测量的影响。针对目前矿用超声波涡街原理的风速传感器长时间工作在工况较差条件下容易出现性能变差、跳数、数值下降等问题，丰颖等[3]提出了一种基于差压原理的风速风向传感器设计方案，采用"S"形皮托管及高精度微差压传感器作为取压装置，通过计算确定风向和风速值，电路简单、可靠，抗电磁干扰能力强。另外，传感器内置GY-25角度传感器，对风速值的测量进行角度补偿。基本误差实验表明，基于差压原理的具有角度补偿的风速传感器在测量风速时，测量值与标准值的差在±0.2m/s以内。

（二）杯式风速风向传感器

杯式风速风向传感器通过机械结构将风的动能转换为可测量的物理量，进而计算出风速和风向。主要由以下几个部分组成：

三杯旋转部件：由三个半球形的杯体组成，这些杯体通过支架连接并固定在一个旋转轴上。三杯旋转部件可以围绕轴心自由旋转（图4-2-2）。

风向指示器：通常是一个箭头或标志，用于指示风的方向（图4-2-3）。

换向器：确保风向指示器始终指向风源方向的机械装置。

计数与测量单元：用于记录三杯旋转的次数，并通过电子元件将旋转速度转换为风速值。

图4-2-2　风速传感器

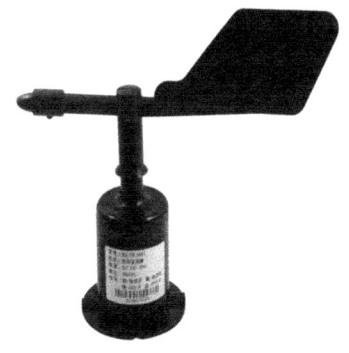

图4-2-3　风向传感器

风速测量原理：

三杯旋转部件是杯式风速风向传感器的核心部分。三个杯体通常在一个水平面上呈120°角均匀分布，形成一个等边三角形。每个杯体的形状类似于半球，迎风面较大，背风面较小。这种设计使得当风作用在杯体上时，产生的力矩使整个部件旋转。

当风从一个方向吹来时，迎风面的杯体会受到较大的推力，而背风面的杯体受到的阻力较小，因此整个部件会旋转。随着风速的增加，旋转速度也会增加，从而可以测量风速。由于三个杯体的形状和布置，风会对杯体产生不同的力。具体来说，迎风面的杯体会受到较大的推力，而背风面的杯体则受到较小的阻力。这种力的不均衡导致整个三杯旋转部件绕轴旋转。风速越大，旋转越快。

旋转的速度与风速成正比，通过测量旋转的速度，可以计算出风速。常见的测量方法是通过光电传感器或磁敏传感器来记录旋转的脉冲数，然后将脉冲数转换为风速值。

风向测量原理：

风向指示器是一个能够自由旋转的部件，其设计目的是始终指向风的来向。它通常与换向器相连，换向器是一个机械装置，用于确保风向指示器能够根据风的方向进行调整。当风向发生变化时，换向器会带动风向指示器旋转，使其箭头始终指向风源的方向。风向指示器的箭头通常设计成流线型，以减少风阻并提高指向的准确性。这样，通过观察风向指示器的指向，就可以准确地知道当前的风向。此外，一些现代的风向指示器还配备了编码器或其他电子装置，可以将风向信息转换为数字信号，便于数据记录和远程传输。这种设计不仅提高了测量的精度，还使得风向数据的采集和处理更加便捷。

杯式风速风向传感器的机械结构相对简单，易于制造和维护，适合大规模生产。由于其设计中没有复杂的电子元件，因此对外界环境变化的敏感性较低，特别适合在恶劣的户外环境中长期使用。与其他类型的风速风向传感器相比，杯式风速风向传感器成本较低，经济实惠。它能够适应各种气候条件，包括强风、雨雪等极端天气，具有较高的环境适应性。

由于传感器内部含有旋转部件，长期使用后可能会出现机械磨损，导致测量精度下降。因此，为了保证传感器的长期稳定运行，需要定期进行检查和维护，确保旋转部件的润滑和清洁。此外，适当的保养可以延长传感器的使用寿命，提高其在恶劣环境中的可靠性。杯式风速风向传感器凭借其简单可靠的机械结构和较低的维护成本，成为许多户外气象监测应用的理想选择。

（三）热线风速传感器（图4-2-4）

热线风速传感器是一种基于热传导原理的传感器，广泛应用于测量气体流速，特别是在空气动力学、气象学、工业自动化等领域。其工作原理主要依赖于热线的温度变化与流体速度之间的关系。

热线风速传感器主要由以下几个部分组成：

热线：通常是一根极细的金属丝，一般由铂、钨或铱等高熔点金属制成。热线被加热到高于环境温度的某个设定值。

支架：用于固定热线，通常由绝缘材料制成，以防止热量的传导。

加热电路：用于提供电流，使热线保持恒定的温度。

温度传感器：用于监测热线的温度，通常集成在加热电路中。

图4-2-4 热线风速传感器

第四章 感知系统——风速风向传感器设计

信号处理单元：用于处理温度传感器的数据，并将其转换为风速信号。

热线风速传感器的工作原理基于热传导定律。当热线被加热到高于环境温度的某个设定值时，如果周围有气体流动，热线的热量会被气体带走，导致热线的温度下降。气体流速越大，带走的热量越多，热线的温度下降越明显。通过监测热线的温度变化，可以推算出气体的流速。热线风速传感器通过控制热线的温度恒定，测量维持这一温度所需的电流或电压的变化，从而间接测量气体的流速。

热线风速传感器通常采用恒温工作模式。在这种模式下，热线的温度被维持在一个恒定的设定值。当气体流速增加时，热线的热量损失增加，为了维持恒定的温度，加热电路会自动增加电流，使热线重新达到设定温度。通过测量电流的变化，可以计算出气体的流速。电流的变化与气体流速成正比，因此可以通过标定曲线将电流变化转换为风速值。

除了恒温工作模式，热线风速传感器还可以采用恒流工作模式。在这种模式下，加热电路提供恒定的电流，使热线保持恒定的电阻。当气体流速增加时，热线的热量损失增加，导致热线的温度下降，电阻减小。通过测量热线电阻的变化，可以计算出气体的流速。电阻的变化与气体流速成正比，因此可以通过标定曲线将电阻变化转换为风速值。

热线风速传感器是一种高精度的测量设备，能够测量低至 0.01m/s 的微风速，适用于对风速变化要求极高的瞬态测量。得益于热线极小的热惯性，传感器对风速变化的响应速度极快，能在短时间内捕捉到风速的细微变化，这使其在空气动力学研究、气象监测等对实时性要求高的领域中表现出色。热线风速传感器不仅能够测量从极低风速到高风速的广泛范围，还因其结构设计简单，易于制造和维护，使其在多个应用场景中具有广泛的应用潜力。

热线风速传感器也有其局限性。由于热线极细，容易受到灰尘、油污等污染物的影响，这些污染物会附着在热线表面，增加热阻，从而影响测量精度，因此需要定期清洁和维护。此外，传感器的测量结果对环境温度变化较为敏感，温度波动会直接影响热线的电阻值，因此在使用过程中需要进行温度补偿，以确保测量的准确性。由于热线在强风或机械冲击下容易损坏，操作时需要特别小心，避免造成不必要的物理损伤。相比其他类型的风速传感器，热线风速传感器的制造成本较高，尤其是使用高纯度金属材料时，这限制了其在一些对成本敏感的应用中的普及。

1974 年，荷兰代尔夫特理工大学的 VanPutten 等[4]提出了一种集成硅流量传感器。传感器芯片上设有加热和测温元件，其中，测温元件构成惠斯通电桥,将热信号转化为电信号输出。该传感器仅能测量流速大小,无法测量流向。1990年,代尔夫特理工大学的VanOudheusden[5]提出了一种二维风速传感器。芯片包含有4个加热电阻、4个三极管和4个热电堆,该传感器可同时检测风速和风向。2011年,代尔夫特理工大学的Wu等[6]提出了一种传感器与读取电路集成的热式风速风向传感器,两个热Σ-Δ调制器控制芯片的热分布,风速和风向都可通过比特流输出来确定。2014年,东南大学的朱雁青等[7]设计了基于硅通孔导电的MEMS风速风向传感器。该传感器以薄玻璃基板为衬底,硅通孔嵌入其中作为电通路,衬底中央对称分布4个加热电阻和8个外部测温电阻。随着集成电路和MEMS技术的进步,热式风速风向传感器发展迅速,具体表现为芯片结构和材料的多元化,以及系统的高度集成。

(四)对比总结

与超声波传感器相比,杯式传感器虽然在精度和响应速度上略逊一等,但其成本低廉、维护简单,且在恶劣环境中的表现更为稳定。超声波传感器虽然能够提供更高的测量精度和更快的响应速度,但其成本较高,且在强风和雨雪等恶劣环境下可能存在一定的测量误差。

与热线式传感器相比,杯式传感器的优势主要体现在其耐用性和成本效益上。热线式传感器虽然响应速度极快,适用于瞬态风速测量,但其结构复杂,容易受到污染和损坏,维护成本较高。此外,热线式传感器对环境温度变化较为敏感,需要进行温度补偿,这在一定程度上增加了其使用的复杂性。

三、系统方案设计

通过详细分析和比较,本研究使用杯式风速传感器和风向传感器作为此次实验中监测风速和风向的传感器。杯式风速风向传感器在提供良好性能的同时,还具有价格低廉、易于维护和广泛适用性等优势。这些特性使其成为本次实验中的理想选择。尽管它在某些性能指标上可能不及超声波传感器和热线式传感器,但其综合表现完全能够满足本次实验的需求。选择杯式风速风向传感器,我们不仅能够在有限的预算内获得可靠的测量数据,还能确保传感器在不同环境条件下的稳定工作,为实验的成功提供了有力保障。

实验需要设计并制作杯式风速传感器和风向传感器。杯式风速传感器的设计原理是基于三杯旋转部件的工作方式。当风吹动三杯旋转部件时，其产生的旋转运动会被传递到底部的一个磁铁上。每旋转一圈，磁铁就会通过 A3144 霍尔传感器，产生一次脉冲信号。通过测量单位时间内脉冲信号的频率，可以计算出风速。具体来说，脉冲信号的频率与风速之间存在线性关系，通过实验标定可以确定具体的转换系数。

杯式风向传感器的设计原理则有所不同。风向传感器采用了一个风向指示器，当风吹动时，指示器会旋转一定角度。在指示器的底部同样安装了一块磁铁，这块磁铁位于 AS5600 磁性编码器的上方。AS5600 磁性编码器能够精确测量磁铁的旋转角度，从而确定风向。AS5600 编码器具有高分辨率和高精度，能够提供 0°~360° 的连续角度测量，确保风向数据的准确性。

使用 SOLIDWORKS 软件详细绘制风速风向传感器的外壳设计，如图 4-3-1 和图 4-3-2 所示。通过精确的三维建模，不仅确保了外壳的结构强度和稳定性，还考虑了外壳的通风性能和防尘防水功能。设计过程中优化了外壳的内部结构，以确保传感器组件的安装和调试方便，同时确保传感器在户外恶劣环境中的可靠运行。完成设计后，利用 3D 打印机将外壳模型打印出来，通过实际打印验证了设计的可行性和实用性。3D 打印的外壳不仅结构紧凑，而且表面光滑，满足了实验和实际应用的要求。

本系统选用 ST 公司生产的 STM32F030K6T6 单片机作为核心控制器，该 MCU 具备强大的数据处理能力和丰富的外设接口，非常适合用于实时数据采

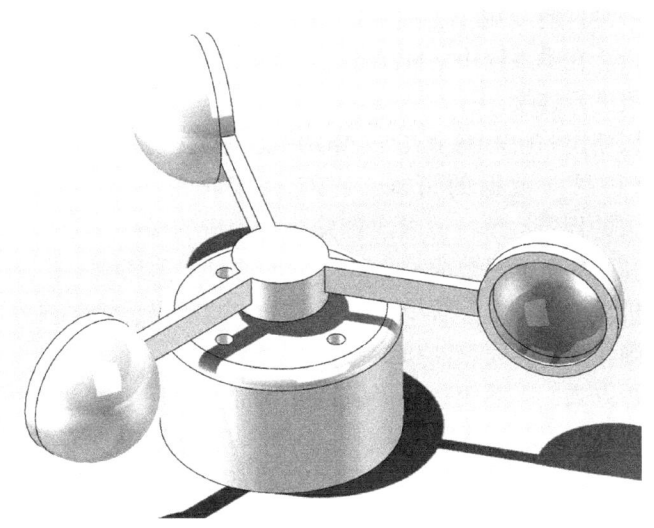

图 4-3-1　杯式风速传感器外壳 3D 图

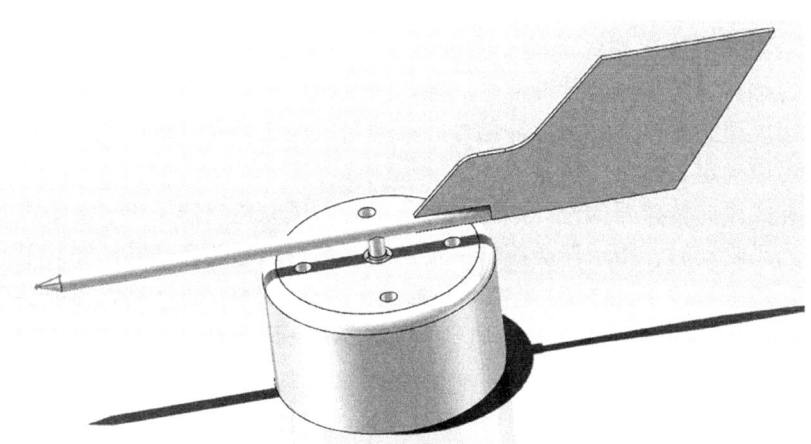

图 4-3-2　风向传感器外壳 3D 图

集与通信任务。通过 I²C 通信方式，MCU 可以直接与 AS5600 磁性编码器进行数据交互，读取其内部的角度数据。

同时，MCU 通过外部中断或定时器捕获功能读取 A3144E 传来的脉冲信号，并通过计数或频率计算的方法，将脉冲信号转换为实际的风速值。

在数据采集完成后，MCU 会将风速和风向数据缓存到内部存储器中，并对数据进行进一步的处理和格式转换，以满足 MODBUS 协议的数据结构要求。MODBUS 是一种广泛应用于工业控制领域的通信协议，可以实现设备之间的可靠数据交换。在本系统中，MCU 作为 MODBUS 从机，通过 RS-485 串行通信接口与主机进行连接。

主机可以使用 MODBUS RTU 或 MODBUS ASCII 协议向 MCU 发送请求，例如读取风速和风向数据的请求。MCU 在接收到主机的请求后，会依据 MODBUS 协议的规定，解析请求内容并执行相应的操作。随后，MCU 会将采集到的风速和风向数据封装成符合 MODBUS 协议的消息帧，并通过 RS-485 接口发送回主机。消息帧中包含了数据的地址、功能码、数据内容以及 CRC 校验等信息，确保数据的完整性和正确性。

通过这种方式，本系统能够高效地将风速和风向数据从传感器传输到主机，实现数据的实时监控和远程管理。STM32F030K6T6 单片机的强大处理能力和灵活的通信接口，使得整个系统具有良好的扩展性和兼容性，可以适应不同应用场景的需求。整体的系统框图如图 4-3-3 和图 4-3-4 所示。

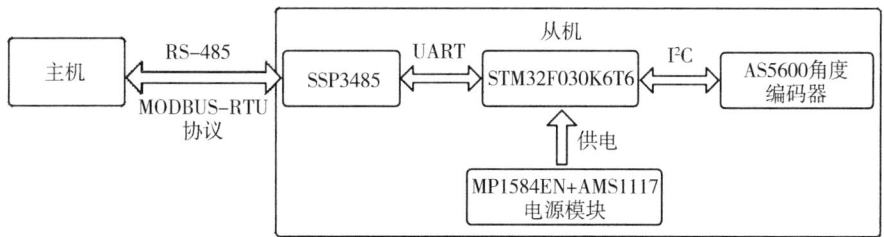

图 4-3-3 风向传感器系统框图

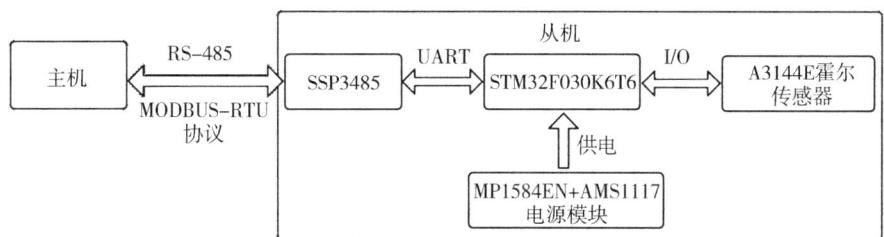

图 4-3-4 风速传感器系统框图

四、硬件设计

在设计中，风速和风向传感器的核心区别在于传感器部分，风速传感器采用了三杯旋转结构和 A3144E 霍尔传感器，而风向传感器则采用了风向指示器和 AS5600 磁性编码器。然而，除了传感器部分的不同，其他模块的设计思路基本相同，以下将逐步详细阐述各个模块的设计思路和实现方法。

（一）电源模块

本次实验，电源模块的设计采用了 MP1584EN-LF-Z 和 AMS1117-3.3V 两个关键芯片，通过它们的协同工作，实现了整个系统的稳定供电。其中，MP1584EN-LF-Z 是一款高效的 DC-DC 电压转换器，具有高效率、低功耗的特点，能够将输入电压（如 12V 或 24V）转换为稳定的输出电压，主要用于为系统的核心部件提供电源支持。其内部集成的高效开关电路可以有效减少功率损耗，提高系统的能效。

AMS1117-3.3V 则是一款线性稳压器，主要用于将较高的输入电压（如5V）精确地调整为 3.3V，为系统中的低压组件（如 MCU、传感器等）提供稳定的电源。线性稳压器虽然效率较低，但在需要精准电压的场合具有独特的优势。通过精确的内部调节机制，AMS1117-3.3V能够确保输出电压的稳定性和一致性，避免因电压波动对系统性能产生负面影响。

这两个模块的合理搭配，充分发挥了各自的优势。MP1584EN-LF-Z负责高功率的高效转换，而AMS1117-3.3V负责低压的精准调节，共同确保了实验过程中电源的稳定性和可靠性。稳定的电源供应为风速和风向传感器的正常工作奠定了坚实的基础，也为实验数据的准确采集和处理提供了有力保障。

1. 12~24V 转 5V 模块（MP1584EN-LF-Z）

MP1584EN-LF-Z是一种高效同步降压稳压器IC，专门用于在各种低电压应用中实现高效率的电源转换。它能够把输入电压有效地降低至所需的输出电压水平，特别适用于电池供电设备以及其他需要低压供电的场景。该芯片具备广泛的输入电压范围，这使得它能够在不同的电源条件下稳定工作，增强了其适用性。通过调整外部元件如电感和电阻，用户可以灵活地设定输出电压，以满足特定电路的需求。为确保系统的可靠性和安全性，MP1584EN-LF-Z内置了多重保护机制，包括过流保护、过温保护和短路保护等，这些功能能够有效防止因过载或故障导致的设备损坏。

MP1584EN-LF-Z的输出电压公式：

$$V_{out} = V_{FB} \frac{(R1 + R2)}{R2}$$

其中，V_{FB}为0.8V，当MP1584处于空载状态时，在输出端会有来自高端BS电路的电流约为20μA。为了吸收这少量的电流，将$R2$保持在40kΩ以下。$R2$的典型值为40.2kΩ。根据$R2$，$R1$可以由下式确定：

$$R1 = 50.25 \times (V_{out} - 0.8)$$

具体而言，如果需要MP1584EN芯片输出5V电压，根据上述公式可以计算出$R1$的阻值为210Ω。这里的$R1$和$R2$是连接到FB引脚的两个电阻，分别对应图4-4-1中的$R6$和$R9$。通过确定$R6$和$R9$的阻值，可以实现5V的输出电压，为SSP3485芯片和SHT30芯片等低电压组件供电。

为了提高系统的可靠性和安全性，在电源输入端加入了二极管保护电路，以防止反向电压对电路造成损坏。同时，在输出端加入了LED指示灯，用于直观显示电源的工作状态。

MP1584EN的引脚说明如表4-4-1所示，具体的电路设计可以参考数据手册中的典型电路配置和引脚说明。原理图设计如图4-4-1所示，通过合理布局和元件选型，确保电路的稳定性和性能。

表 4-4-1　MP1584EN 引脚说明

引脚	名称	描述
1	SW	开关节点：这是高边开关的输出，需要一个低正压肖特基二极管接地，二极管必须靠近 SW 引脚，以减小开关尖峰
2	EN	启用输入：将此引脚拉至指定阈值以下会关闭芯片。将其拉高到指定阈值以上或保持浮动状态即可启用芯片
3	COMP	补偿：该节点是误差放大器的输出。控制环路频率补偿应用于此引脚
4	FB	反馈：这是误差放大器的输入。输出电压由连接在输出端和 GND 之间的电阻分压器设置，0.8V
5	GND	接地：它应尽可能靠近输出电容器连接。以缩短大电流开关路径。将裸露焊盘连接到 GND 平面以获得最佳热性能
6	FREQ	开关频率程序输入：将电阻器从该引脚接地以设置开关频率
7	VIN	输入电源：这为所有内部控制电路供电，包括 BS 稳压器和高侧开关。必须将一个去耦电容放置在靠近该引脚的位置，以较大限度地减小开关尖峰
8	BST	启动：这是内部浮动高侧 MOSFET 驱动器的正电源。在此引脚和 SW 引脚之间连接旁路电容

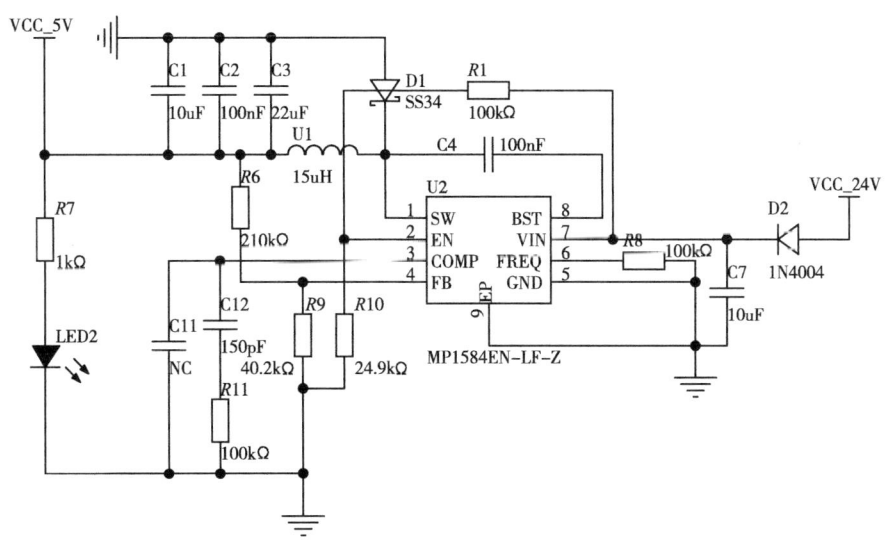

图 4-4-1　MP1584EN-LF-Z 电路

2. 5V 转 3.3V 模块（AMS1117-3.3V）

AMS1117-3.3V 是一款线性稳压器芯片，能够将输入电压稳定地转换为

3.3V 输出，适用于需要稳定低电压供应的电子电路。该芯片无须外部电感或电阻等元件即可正常工作，使得设计和应用过程更为简便。AMS1117-3.3V 内置过载保护功能，能够有效保护芯片和外部电路免受损坏。其采用小型 SOT-223 封装，非常适合空间有限的应用场合。由于基于线性稳压器设计，其成本相对较低，因此在本次设计中的电源管理需求得到了良好满足。

在本次实验中，AMS1117-3.3V 将 5V 电压转换为 3.3V，从而为 STM32F030K6T6 单片机和传感器提供稳定的电源支持。具体的原理图设计如图 4-4-2 所示，通过合理配置输入输出电容和其他必要元件，确保了电压的稳定性，从而保证了单片机和传感器的正常运行。

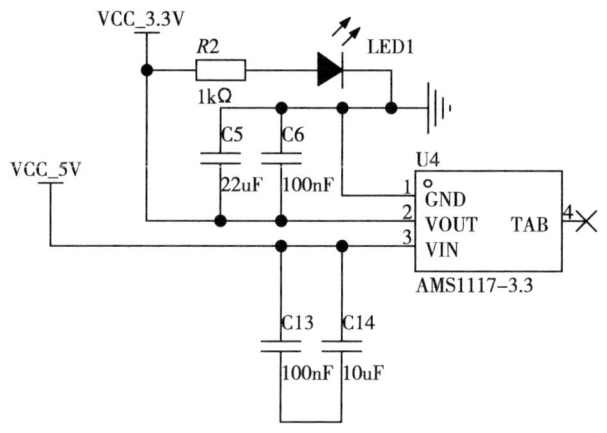

图 4-4-2　AMS1117-3.3V 电路

（二）STM32F030K6T6 单片机

STM32F030K6T6 是一款基于 ARM Cortex-M0 内核的 32 位微控制器，它属于 STM32F0 系列。这个系列的微控制器以高性能、低功耗和高性价比而闻名。它采用的是 ARM Cortex-M0 内核，这款内核以其低功耗和高效率而受到好评。它的主频最高可以达到 48MHz，这为需要实时响应和高效计算能力的应用提供了有力支持。Cortex-M0 内核的特点是代码密度高、功耗低，非常适合资源受限的环境。

STM32F030K6T6 提供了 32kB 的 Flash 存储器，用于存储程序代码和数据，以及 4kB 的 RAM，用于运行时的数据存储和变量处理。这样的存储配置，加上其高效的内核，足以满足大多数嵌入式应用的需求。

它拥有29个通用输入输出引脚（GPIO），这些引脚可以被配置为多种功能，如外部中断、定时器输入、通信接口等。此外，它还集成了多个定时器，包括16位和32位定时器，支持PWM输出、输入捕获和输出比较等功能，非常适合电机控制和其他需要精确定时的任务。

支持多种标准通信协议，如I^2C、SPI和USART，这些接口使得与其他设备和传感器进行数据交换变得简便。此外，它还内置了一个12位的模数转换器（ADC），具有10个通道，能够满足一般的模拟信号采集需求。为了提高数据传输效率，减少CPU的负担，该芯片还配备了直接存储器访问（DMA）控制器。

低功耗是STM32F030K6T6的一个重要特性，它支持多种低功耗模式，包括睡眠模式、停止模式和待机模式。这些模式允许开发者根据应用需求选择合适的功耗水平，从而最大程度地延长电池寿命，这在便携式和电池供电设备中尤为重要。

在封装和尺寸方面，STM32F030K6T6采用了紧凑的LQFP32封装形式，使得它在物理尺寸上非常小巧，非常适合在空间受限的设计中使用。这种封装形式不仅节省了电路板的空间，还简化了布局和布线的设计难度。此外，该单片机的工作电压范围为2.4~3.6V，能够在低电压条件下稳定工作，适合电池供电或低功耗应用。同时，其工作温度范围覆盖了从低温-40℃到高温85℃的广泛区间，使其能够在各种严苛的环境条件下可靠运行，适用于工业和消费类电子产品的多种应用场景。

STM32F030K6T6提供了足够的GPIO以及其他功能引脚，能够满足本次实验的需求。其灵活的引脚复用功能允许单个引脚承担多种任务，避免引脚资源的浪费，从而在有限的资源下实现高效的设计。此外，STM32F030K6T6的价格相对低廉，具有较高的性价比，进一步降低了项目的整体成本，非常适合需要在保证性能的同时控制预算的应用场景。

STM32F030K6T6的最小系统设计中，时钟源由一个外接的8MHz晶体振荡器提供，以确保系统运行时具有稳定且准确的时钟信号。在调试方面，采用了SWD（Serial Wire Debug）接口，这种接口不仅适用于程序的下载，还能支持调试操作，简化了开发流程。为了提高系统的灵活性，确保输入电源的稳定性，芯片电源引脚处添加了电容进行滤波处理，有效抑制了电源噪声。

风速和风向传感器的MCU最小系统设计的具体细节在图4-4-3和图4-4-4中展示，通过合理布局和元件选择，保证了系统的可靠性和性能。

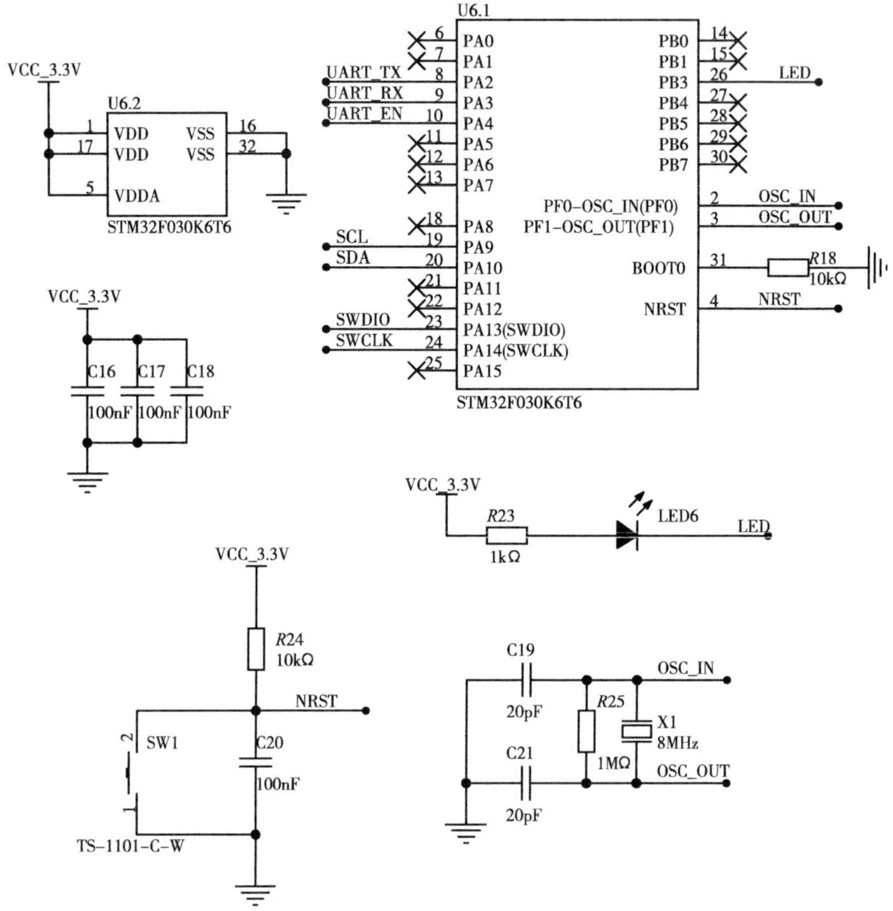

图 4-4-3　风速传感器设计的 STM32F030K6T6 单片机最小系统电路

（三）SSP3485 收发器

SSP3485 是一款适用于 RS-485 和 RS-422 通信标准的半双工高速收发器，集成了一个驱动器和一个接收器。其设计考虑了失效保护电路，确保在各种环境下都能稳定工作。驱动器具有低摆率特性，这不仅有助于降低电磁干扰（EMI），还减少了由于终端匹配不当引起的信号反射。这些特性使得 SSP3485 能够支持高达 10Mbps 的数据传输速率，并确保数据传输的准确性和可靠性。

此外，SSP3485 具备+15kV ESD 静电放电防护功能，能够有效抵御外界静电干扰，保护设备免受损害。接收器的输入阻抗为 1/8 单位负载，这意味着在

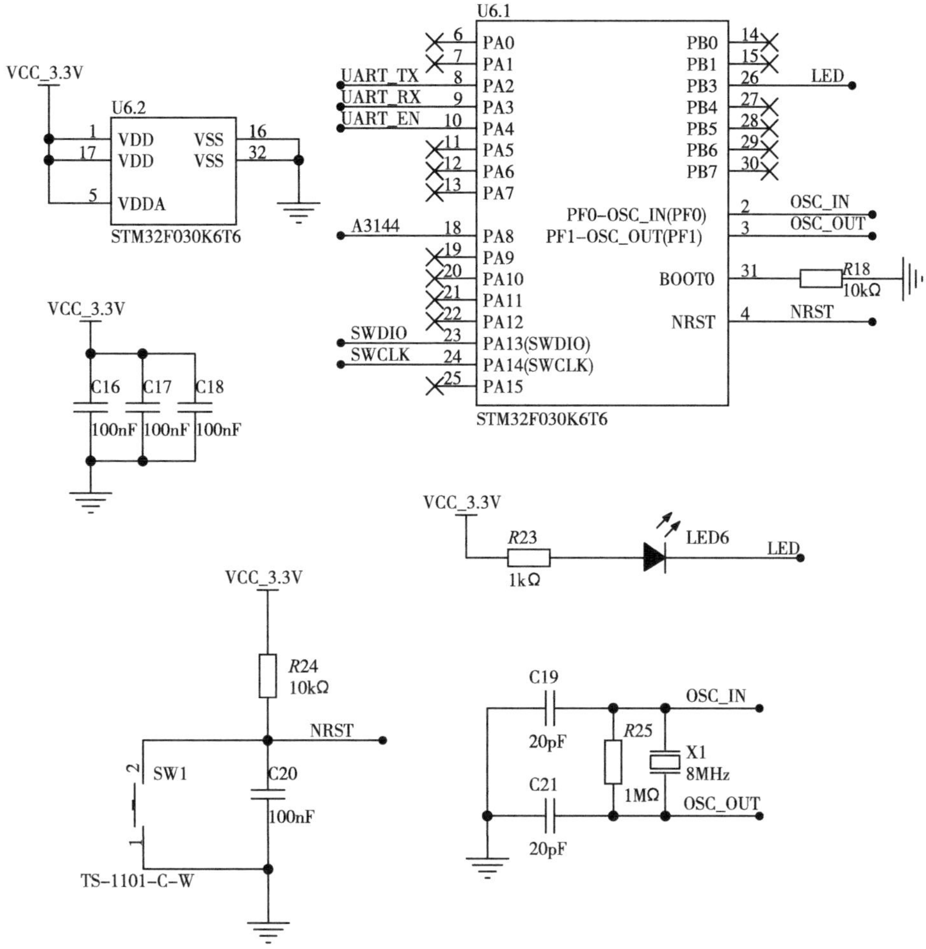

第四章 感知系统——风速风向传感器设计

图 4-4-4 风向传感器设计的 STM32F030K6T6 单片机最小系统电路

总线上可以挂接 256 个收发器，大大提高了系统的扩展性。

SSP3485 的引脚说明如表 4-4-2 所示。根据数据手册进行电路设计时，在电源输入端添加了 LED 灯，以便观察芯片是否正常供电。在 RO 和 DI 端也添加了 LED 灯，当电平发生变化时，LED 灯会闪烁，从而能更直观地观察信号传输情况。

SSP3485 的工作电压为 5V，而 STM32F030K6T6 的引脚工作电压为 3.3V。为了保护 STM32 芯片，RO 引脚输出时，在 RO 端连接了一个三极管。当 RO 输出高电平时，三极管导通，STM32 引脚便能检测到 3.3V 的高电平信号；当

· 113 ·

RO 输出低电平时，三极管截止，STM32 引脚将检测到低电平信号。这种设计不仅实现了电平转换，还保护了 STM32 芯片的输入引脚。

表 4-4-2　SSP3485 引脚说明

引脚	符号	功能	属性
1	RO	接收器输出端： 如果 A-B≥-0.05V，则 RO 为高电平； 如果 A-B≤-0.2V，则 RO 为低电平； 如果 A 和 B 悬空或短接，RO 也为高电平	O
2	$\overline{RE}$	接收器输出使能： $\overline{RE}$ 为低电平时，RO 被使能； $\overline{RE}$ 为高电平时，RO 处于高阻抗	I
3	DE	驱动器输出使能： 通过将 DE 拉高，驱动器的输出端 Y 与 Z 被使能； 当 DE 为低电平时它们处于高阻抗	I
4	DI	驱动器输入端： DI 为低电平，A 为低电平，B 为高电平； DI 为高电平，A 为高电平，B 为低电平	I
5	GND	接地	
6	A	接收器的输入端与驱动器的输出端	I/O
7	B	接收器的输入端与驱动器的输出端	I/O
8	VDD	电源	

为了保证输出信号的稳定性，在 RO 和 DI 端加了上拉电阻。此外，在输出端连接了 120Ω 的电阻进行阻抗匹配，以消除由于阻抗不匹配引起的信号反射。原理图设计如图 4-4-5 所示，这些设计措施确保了 SSP3485 与 STM32F030K6T6 之间的稳定通信，提高了系统的可靠性和性能。

（四）A3144E 霍尔传感器

A3144E 是一款单极性霍尔效应开关传感器，广泛应用于工业控制、消费电子和汽车电子等领域。它基于霍尔效应原理，能够检测磁场的存在，并将其转换为电信号输出。该传感器以其灵敏度高、可靠性高和适应性强而受到好评。

A3144E 的工作电压范围通常为 4.5~24V，这使得它能够适应多种电源环境。其输出为开漏输出，能够在磁场强度达到预设的阈值时从高电平变为低电平，或者在磁场消失时恢复为高电平。这种输出特性使其在需要检测磁场存在

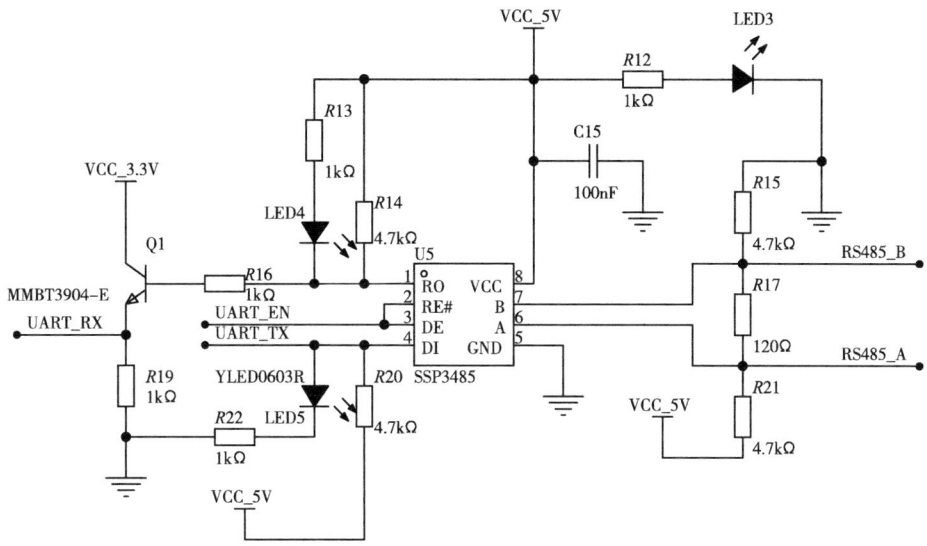

图 4-4-5　SSP3485 电路图

或变化的场合非常适用，例如，无刷直流电机的位置检测、转速测量、位置传感器等。根据 A3144E 的数据手册可以看到其输出状态如图 4-4-6 所示。

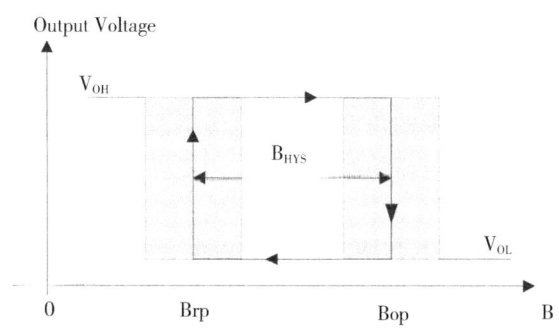

图 4-4-6　A3144E 输出状态图

A3144E 具有较高的工作温度范围，通常为 $-40\sim150℃$，使其在恶劣环境下也能稳定工作。它还具有内部上拉电阻，简化了外围电路的设计。该传感器的封装形式多样，常见的有 TO-92、SIP 等，方便在不同应用中选择合适的安装方式。

在设计使用 A3144E 时，需要注意传感器的磁场灵敏度特性，以及正确的磁极性和工作点设置，以确保检测的准确性和可靠性。

A3144E 的 Vout 引脚输出高电平时的电压只有 1.25V 左右。为了避免 STM32 芯片监测不出，在 Vout 端连接了一个三极管。当 Vout 输出高电平时，三极管导通，STM32 引脚便能检测到 3.3V 的高电平信号；当 Vout 输出低电平时，三极管截止，STM32 引脚将检测到低电平信号。其原理图设计如图 4-4-7 所示。

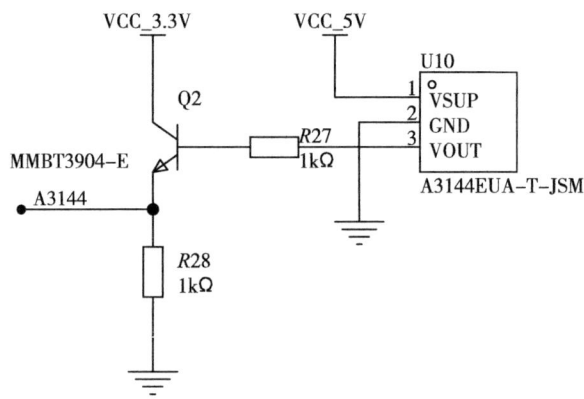

图 4-4-7 A3144E 电路图

（五）AS5600 传感器

AS5600 是一款高性能的非接触式位置传感器，基于霍尔效应和磁场角度测量技术，能够实现高精度的角度测量。该传感器适用于各种需要精确位置检测的应用，例如无刷直流电机的旋钮控制、用户界面的旋转编码器以及工业自动化中的位置检测等。

AS5600 的最大特点是其高精度，能够提供 12 位的角度分辨率，覆盖 0°~360° 的完整范围。它采用非接触式设计，避免了机械磨损，延长了使用寿命。传感器内部集成了霍尔传感器、信号处理电路和数字接口，支持 I^2C 和 PWM 两种通信接口，方便与微控制器进行通信。

AS5600 的工作电压范围为 2.7~5.5V，适用于多种电源环境。其工作温度范围从 -40~125℃，能够在广泛的温度范围内稳定工作。传感器具有低功耗特性，适用于电池供电的便携式设备。此外，AS5600 还内置了自检功能，可以检测传感器的工作状态，确保系统可靠性。

使用 AS5600 时，需要选择合适的磁体类型和尺寸，确保磁场强度在传感器的检测范围内，并正确对准磁体的北极或南极与传感器的检测面。通过在电源和地之间添加滤波电容，可以减少电源噪声的影响。I²C 接口需要上拉电阻，通常使用 10kΩ 的电阻，以确保信号的完整性和可靠性。

AS5600 引脚功能如表 4-4-3 所示。

表 4-4-3　AS5600 引脚说明

引脚编号	名称	类型	描述
1	VDD5V	供应	5V 模式的正电压供电（需要 100nf 去耦电容）
2	VDD3V3	供应	3.3V 模式下的正电压供电（需要 5V 模式下的外部 1μf 去耦电容）
3	OUT	模拟/数字输出	模拟/PWM 输出
4	GND	供应	接地
5	PGO	数字输入	程序选项（内部上拉，连接到 GND=编程选项 B）
6	SDA	数字输入/输出	I²C 数据（考虑外部上拉）
7	SCL	数字输入	I²C 时钟（考虑外部上拉）
8	DIR	数字输入	方向极性（GND=值顺时针增加，VDD=值逆时针增加）

通过阅读 AS5600 传感器的数据手册，设计原理图如图 4-4-8 所示。

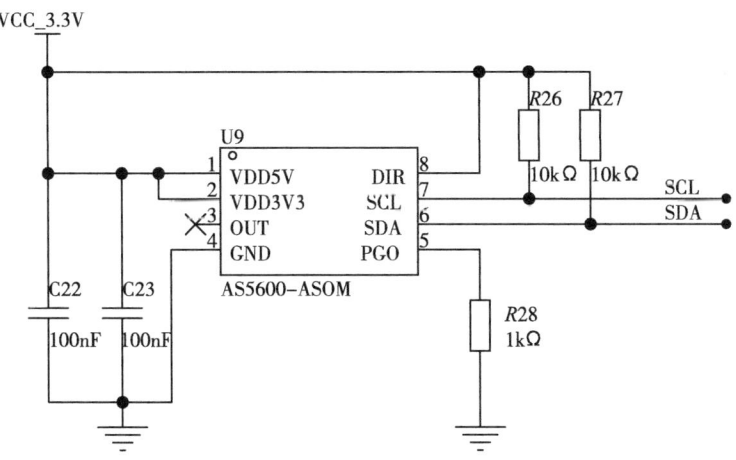

图 4-4-8　AS5600 电路图

为了更直观地展示这些传感器的实物结构，图 4-4-9、图 4-4-10 和图 4-4-11 分别提供了风速传感器和风向传感器的硬件 3D 模型图。这些 3D 图不仅展示了传感器的外观设计，还详细描绘了各部件的布局和连接方式，有助于更好地理解传感器的实际构造和工作原理。

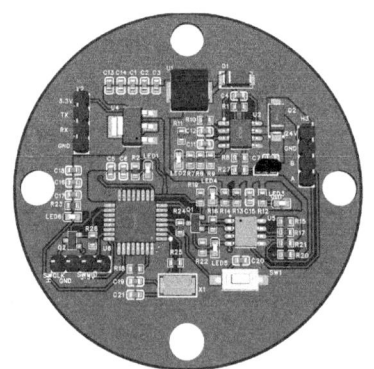

图 4-4-9 风速传感器硬件设计 3D 图

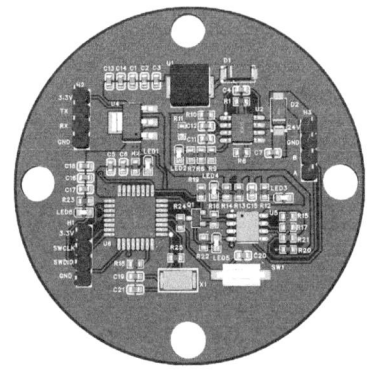

图 4-4-10 风向传感器硬件设计 3D 图（正面）

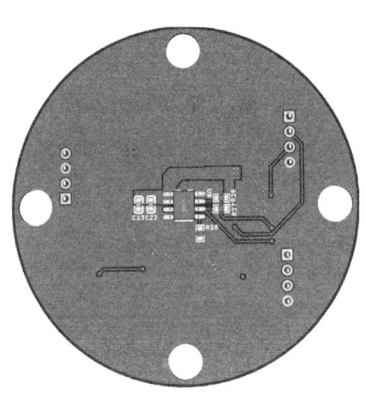

图 4-4-11 风向传感器硬件设计 3D 图（反面）

设计中注重传感器的精度、可靠性以及适应不同环境的能力。风速传感器采用了先进的杯式或超声波技术，确保了风速测量的准确性。而风向传感器则通过精密的机械设计和电子组件，实现了对风向的精确检测。

这些传感器的设计旨在满足各种气象监测和环境数据收集的需求，其坚固的结构和优秀的性能使其成为户外应用的理想选择。通过这些详细的原理图和 3D 模型，可以更好地理解传感器的工作机制，并在实际应用中进行有效集成和使用。

五、软件设计

风速传感器中的微控制器（MCU）主要功能是对 A3144E 霍尔传感器传输来的脉冲信号进行捕捉和处理，以计算出扇叶的转速，并进一步转换为风速值。由于风速与扇叶的转速存在正比关系，通过多次实验可以确定这一比例系数，从而确保测量的准确性。MCU 将计算得到的风速数据存储在模拟寄存器中，以便于与主机系统进行数据通信和进一步的处理。

第四章　感知系统——风速风向传感器设计

风向传感器中的微控制器（MCU）主要负责通过 I^2C 通信协议从 AS5600 角度编码器采集角度数据，并将这些数据存储在模拟寄存器中，以便与主机系统进行数据通信。AS5600 是一款磁性角度编码器，能够精确检测磁场方向，从而确定风向标的位置。MCU 定期读取 AS5600 的角度数据，并将其存储在内部寄存器中，等待主机请求数据进行进一步的处理和应用。

风速和风向传感器设计的流程图如图 4-5-1 和图 4-5-2 所示。

（一）风速传感器程序实现

1. STM32CubeMX 配置及 Keil MDK-ARM 工程创建

STM32CubeMX 和 μVision 是开发 STM32 微控制器的常用工具。STM32CubeMX 是一个图形化配置工具，可以方便地配置芯片的时钟、引脚、外设等参数，并可以生成初始化代码框架。而 μVision 是 Keil 公司的集成开发环境，提供了代码编辑、编译、调试等功能。在这次设计中，将继续使用这两款软件进行软件开发，以提高开发效率和代码质量。

（1）主控 MCU 选择

打开 STM32CubeMX 软件，选择本次实验要使用的芯片信号 STM32F030K6T6，如图 4-5-3 所示，双击图中框选的部分即可创建 STM32CubeMX 工程。

（2）配置下载与调试模式

在实验过程中，我们通常选择 ST-Link 作为程序的下载和调试工具。为了使 STM32 微控制器能够与 ST-Link 正确通信并在开发过程中实现单步调试、断点设置等功能，需要在 STM32CubeMX 中配置调试接口。具体操作是在 Pinout & Configuration 选项卡下的"SYS"选项中，找到"Debug"子选项，并将其设置为"Serial Wire"模式。这一设置会使得 MCU 的调试引脚（通常为 SWDIO 和 SWCLK）被配置为串行调试接口，从而允许 ST-Link 通过这些引脚进行数据的传输和调试命令的执行，如图 4-5-4 所示。

（3）时钟源选择以及时钟树配置

在硬件设计阶段，选择外部 8MHz 的晶体振荡器作为微控制器（MCU）的时钟源。为了在 STM32CubeMX 中正确配置这一设置，在 Pinout & Configuration 选项卡下的 RCC（Reset and Clock Control）配置界面中，需要将 HSE（High Speed External，高速外部时钟）选项设置为"Crystal/Ceramic Resonator"。这种设置方式表明外部时钟源是通过晶体振荡器或陶瓷谐振器提供的稳定时钟信号。当选择此选项后，STM32CubeMX 会自动将对应的芯片引脚

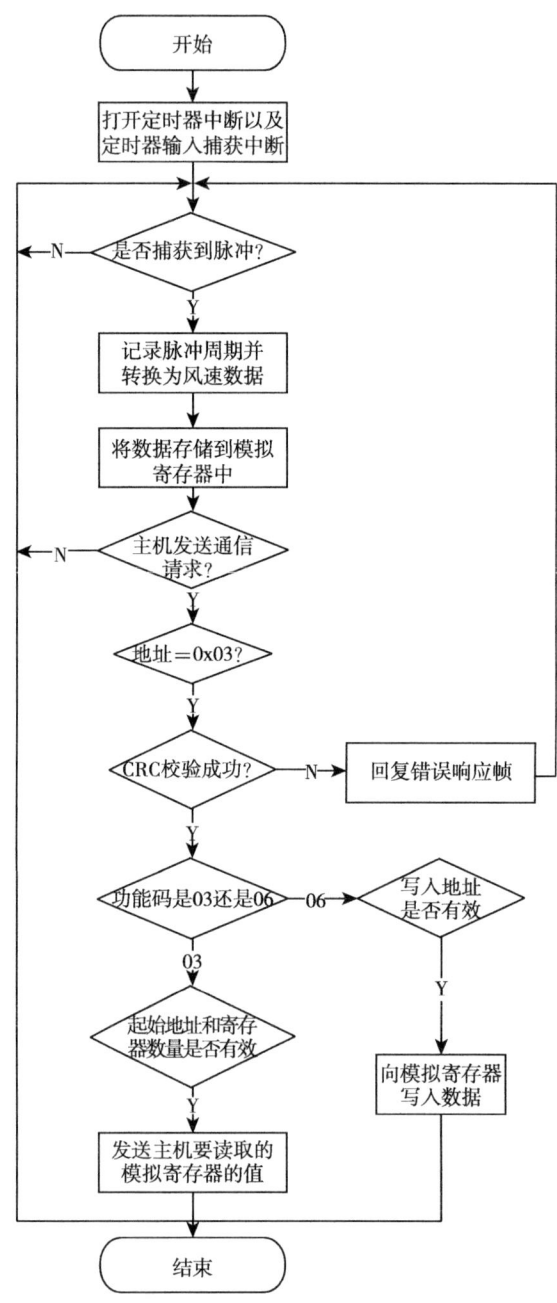

图 4-5-1 风速传感器软件设计流程图

第四章 感知系统——风速风向传感器设计

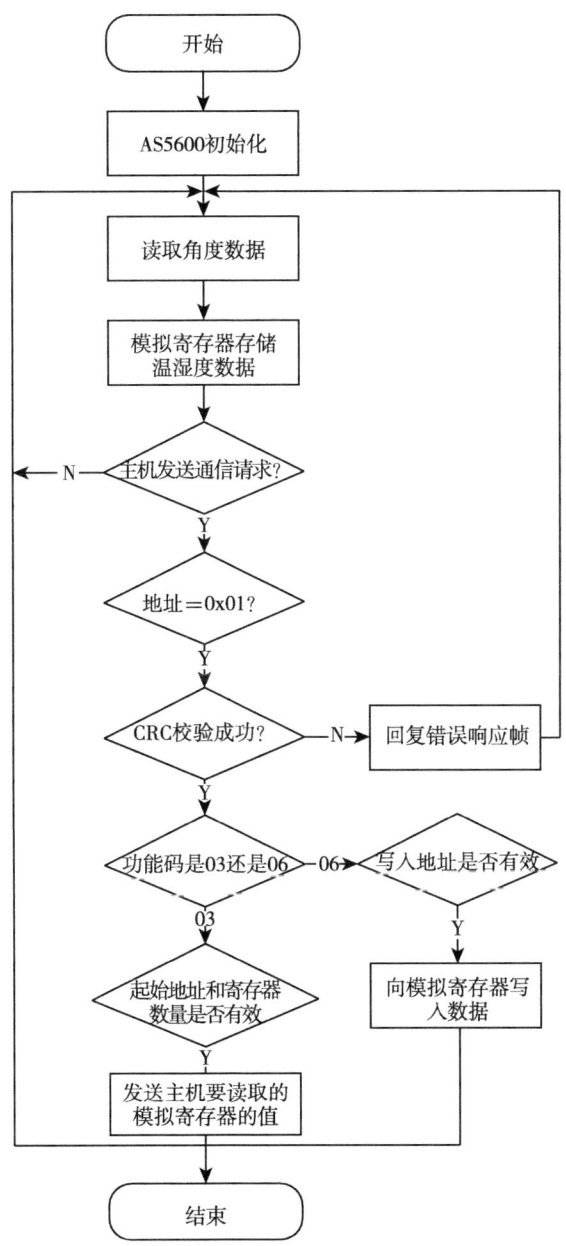

图 4-5-2 风向传感器软件设计流程图

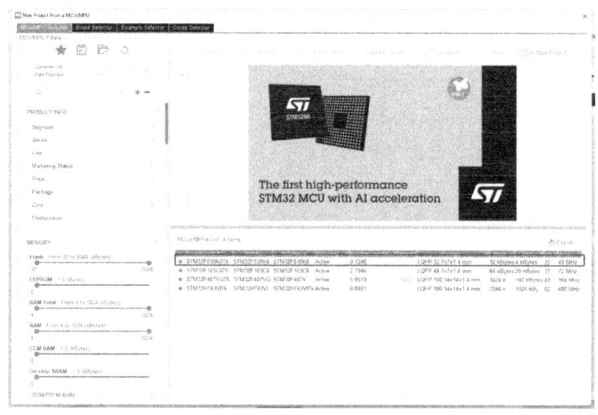

图 4-5-3　STM32CubeMX MCU 选择

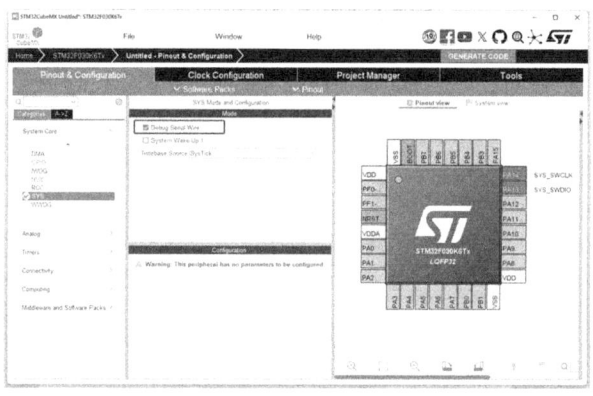

图 4-5-4　配置下载和调试接口

PF0 和 PF1 分配给 HSE 时钟输入和输出引脚。如图 4-5-5 所示，这些引脚在芯片引脚图中会被标记为已占用，确保外部晶体振荡器正确连接到 MCU，从而为系统提供稳定的时钟基础。

在 STM32CubeMX 中选择完合适的时钟源后，通过点击"Clock Configuration"选项进入时钟树配置界面。在此界面中，用户可以根据项目需求对系统的时钟树进行详细的配置。为了充分发挥 STM32 微控制器的性能，本次设计中将把 HCLK（即系统总线时钟）设置为最大允许频率 48MHz，以确保系统在高速运行时的稳定性和响应速度，如图 4-5-6 所示。

第四章 感知系统——风速风向传感器设计

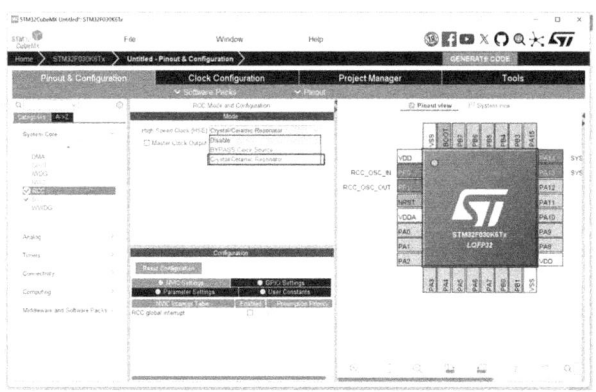

图 4-5-5　时钟源选择

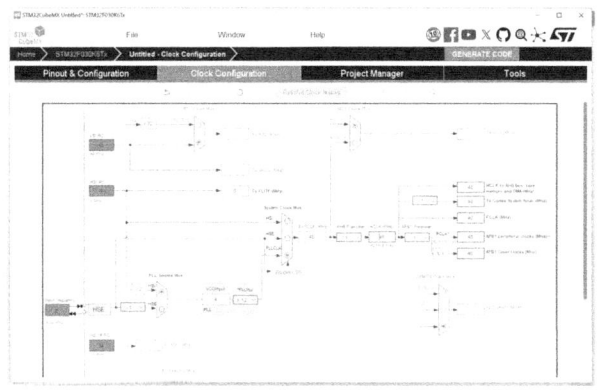

图 4-5-6　时钟树的配置

（4）定时器配置

在硬件设计中我们将 A3144E 的输出引脚接到了 MCU 的 PA8 引脚，正是 MCU 定时器 TIM1 的 Channel1，通过 MCU 定时器输入捕获功能可以有效地捕捉到脉冲，在 STM32CubeMX 中配置 TIM1 的 Channel1 通道为输出捕获模式，并且在 Parameter Settings 中 Prescaler 配置成 48－1，Counter Period 设置成 1000-1，这样设置后定时器每微秒会进行一次重新计数，如图 4-5-7 所示。

当定时器进行计数以及输入捕获到脉冲时，需要进行中断来处理脉冲，所以这里还需要将定时器的中断和输入捕获中断打开，如图 4-5-8 所示。

· 123 ·

图 4-5-7　定时器配置

图 4-5-8　打开定时器中断

(5) USART 和 GPIO 口配置

在硬件设计中，微控制器单元（MCU）通过 USART1 接口与 SSP3485 进行通信。为了确保数据传输，需要在连接性配置中将 USART1 模式设置为异步通信模式，并将波特率配置为 9600。除了这些基本设置之外，其他配置选项可以保持默认，如图 4-5-9 所示。

在使用 USART 接收数据（USART_RX）时，结合 DMA（Direct Memory Access）可以高效地处理大量数据，而无需 CPU 的持续干预，可以显著提高数据传输的效率。通过配置 DMA 通道和使用 HAL 库提供的函数，可以轻松实现无阻塞的数据传输。在配置 USART2 的页面下找到 DMA Settings 选项卡，点击 Add，选择 USART2_RX，并配置以下参数：

第四章 感知系统——风速风向传感器设计

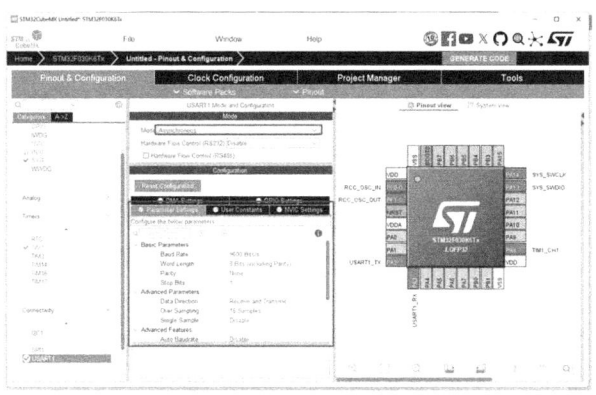

图 4-5-9　USART1 配置

DMA Channel：选择 DMA1 Channel6。
Direction：选择 Peripheral To Memory（外设到内存）。
Priority：设置优先级（Medium）。
Mode：选择 Normal 模式。
Increment Address：选择内存递增，收到的数据依次在内存当中。
Data Width：数据宽度选择 Byte，8 位。
如图 4-5-10 所示：

图 4-5-10　USART1_RX 的 DMA 配置

通过 PA4 来控制 SSP3485 的收发使能，所以还需要将 PA4 设置为输出模式，如图 4-5-11 所示：

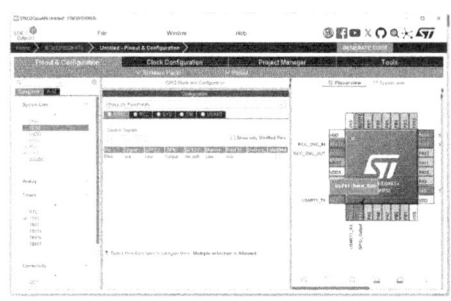

图 4-5-11　GPIO 口设置

（6）Keil MDK-ARM 工程创建

在 Project Manager 中填写项目名称，由于要在 μVision 提供的 MDK-ARM 开发环境中编写代码，所以在 Toolchain/IDE 选择 MDK-ARM，最后点击右上方 GENERATE CODE 生成代码即可，如图 4-5-12 所示：

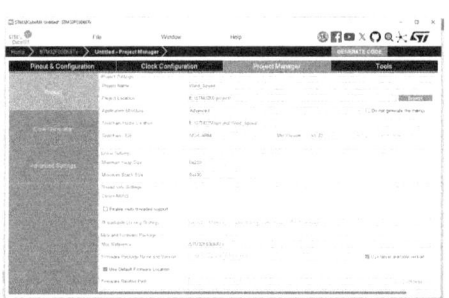

图 4-5-12　Keil MDK-ARM 工程创建

2. 在 μVision 中编写代码

（1）定义全局变量

首先对要使用到的一些变量进行定义，变量 Address 和 holding_registers[2] 用于模拟 Modbus 从设备的寄存器和地址，其中，Address（0x0003）是从设备的地址。holding_registers[0] 表示寄存器的地址（0x0003）。

holding_registers[1] 用于存储风速数据。

变量 last_capture_time、pulse_period 和 overflow_count 用于计算脉冲信号的周期。

last_capture_time：上次捕获的时间值（定时器计数值）。

pulse_period：两次捕获之间的时间间隔。

第四章　感知系统——风速风向传感器设计

overflow_count：定时器溢出的次数。

变量 uart1_rec_buf[MAX_BUFFER_SIZE] 用于存储从 UART1 接收到的数据，防止数据溢出。定义了缓冲区大小（MAX_BUFFER_SIZE）和数学常数 π（pi）。

```
#define MAX_BUFFER_SIZE 256
uint8_t Address = 0x0003;    //从设备地址
volatile uint32_t last_capture_time = 0;    //上次捕获时间
volatile uint32_t pulse_period = 0;    //脉冲周期
volatile uint32_t overflow_count = 0;    //定时器溢出次数
double pi = 3.14159;
uint8_t uart1_rec_buf[MAX_BUFFER_SIZE];    //接收缓冲区
uint16_t holding_registers[2] = {0x0003, 0x0000};    //模拟保持寄存器,地址、风速数据
```

（2）A3144E 输入脉冲捕捉及处理

需要用 STM32 的定时器（TIM1）进行输入捕获（Input Capture）操作，并计算两个捕获事件之间的时间间隔。通过这种方式测量脉冲信号的周期，并基于该周期计算出转速。

当定时器的计数器溢出时，系统会调用 HAL_TIM_PeriodElapsedCallback 回调函数。如果发生溢出，则将 overflow_count（溢出计数器）加 1。

当定时器的输入捕获事件发生时，系统会调用 HAL_TIM_IC_CaptureCallback 回调函数。如果捕获事件发生在 TIM1 且通道为 CH1（HAL_TIM_ACTIVE_CHANNEL_1）读取当前捕获的计数值（CCR1）。计算两次捕获之间的时间间隔：如果当前捕获值大于上次捕获值，则直接计算时间间隔。如果当前捕获值小于上次捕获值，则考虑定时器溢出，将溢出次数乘以定时器周期（ARR+1），并补齐溢出部分的时间。根据计算得到的时间间隔（pulse_period），计算转速并转换为风速存储到 holding_registers[1] 中。

重置溢出计数器（overflow_count）为 0。更新上次捕获的计数值 last_capture_time）。

```
void HAL_TIM_PeriodElapsedCallback(TIM_HandleTypeDef * htim)
{
    if(htim->Instance == TIM1)
    {
```

```
            overflow_count++;    //记录溢出次数
    }
}

void HAL_TIM_IC_CaptureCallback(TIM_HandleTypeDef * htim)
{
    if(htim->Instance==TIM1 && htim->Channel==HAL_TIM_ACTIVE_CHANNEL_1)
    {
        //读取当前捕获值
        uint32_t current_capture_time=htim1.Instance->CCR1;

        //计算两次捕获之间的时间间隔
        if(last_capture_time!=0)
        {
            if(current_capture_time>last_capture_time)
            {
                pulse_period=(overflow_count * (htim1.Instance->ARR+1))+(current_capture_time - last_capture_time);
            }
            else
            {
                //计数器溢出,加上定时器周期
                pulse_period=(overflow_count * (htim1.Instance->ARR+1))+(htim1.Instance->ARR+1) - last_capture_time+current_capture_time;
            }
            holding_registers[1] = (2 * pi * 0.0155 * 60/(pulse_period * 0.000001)) * 100;
            //重置溢出次数
            overflow_count=0;
        }
        //更新上次捕获时间
        last_capture_time=current_capture_time;
```

}
}

(3) ModBus-RTU 的实现

通过之前的代码我们将采集到的脉冲周期计算出来,并转化为风速存储到了模拟寄存器中,接下来实现 ModBus-RTU 传输协议。

在前面的 STM32CubeMX 的配置中打开了 UART_DMA,于是当主机发送数据请求时,会进入 UART 回调函数,在回调函数中对接受的数据进行判断,在判断设备地址正确后转入 Recv_Data() 函数对命令进一步的分析。

```c
void HAL_UARTEx_RxEventCallback(UART_HandleTypeDef * huart, uint16_t Size)
{
    if(huart->Instance==USART1)
    {
        if(uart1_rec_buf[0]==Address)
        {
            Recv_Data();
        }
        HAL_GPIO_WritePin(GPIOA, GPIO_PIN_4, GPIO_PIN_RESET);
        HAL_UARTEx_ReceiveToIdle_DMA(&huart1, uart1_rec_buf, MAX_BUFFER_SIZE);
    }
}
```

判断设备地址正确后会进入 Recv_Data() 函数,如下:

```c
void Recv_Data()    //验证数据正确性
{
    uint8_t data_length=4;    //数据长度(不包含地址、功能码和 CRC 校验码)

    //提取接收到的 CRC 校验码
    uint16_t received_crc=(uart1_rec_buf[data_length+2]<<8) | uart1_rec_buf[data_length+3];

    //计算接收数据的 CRC 值
```

```
        uint16_t calculated_crc=calculate_crc( uart1_rec_buf, data_length+2) ;

        //比较接收到的 CRC 值和计算的 CRC 值
         if( received_crc = = calculated_crc)
         {
             if( uart1_rec_buf[ 1] = = 0x03)
             {
                Recv_Read( ) ;
             }
             if( uart1_rec_buf[ 1] = = 0x06)
             {
                Recv_Write( ) ;
             }
         }
         else
         {
            CRC_Error( ) ;
         }
}
```

在这个函数中首先对接受的数据进行 CRC 校验，根据输入的缓冲区和长度计算其 16 位 CRC 校验值，通常用于数据完整性的验证，确保数据在传输或存储过程中未被篡改。函数需要传入两个参数，uint8_t * buffer：输入的数据缓冲区，指向一个包含计算 CRC 所需数据的数组。uint16_t length：输入数据的长度，表示缓冲区中的字节数。

crc 变量用于存储当前的 CRC 计算结果，初始值为 0xFFFF。外层循环遍历缓冲区中的每个字节，并将其与当前的 crc 进行异或操作。内层循环处理每个字节的 8 位，按位计算 CRC 值。最内层循环检查 crc 的最低位（第 0 位）。如果最低位为 1，则进行多项式除法，右移 crc 并与 0xA001（代表 CRC 多项式）进行异或。如果最低位为 0，简单右移即可。最后，返回计算得到的 CRC 值。

```
uint16_t calculate_crc( uint8_t * buffer, uint16_t length) //16 位 CRC 校验
{
```

```
    uint16_t crc=0xFFFF;
    for( uint16_t pos=0; pos<length; pos++)
    {
        crc ^=( uint16_t) buffer[ pos];
        for( uint8_t i=8; i!=0; i--)
        {
            if( ( crc & 0x0001)!=0)
            {
                crc>>=1;
                crc ^=0xA001;
            }
            else
            {
                crc>>=1;
            }
        }
    }
    return crc;
}
```

当 CRC 校验失败后,构建错误响应帧并将其发送回主机。代码如下:
```
void CRC_Error( )
{
uint8_t error_response[ 5];
    error_response[ 0]=Address;
    error_response[ 1]=uart1_rec_buf[ 1] | 0x80;  //设置错误标志
    error_response[ 2]=0x03;    //CRC 错误代码
    //计算错误响应帧的 CRC 校验码
    uint16_t error_crc=calculate_crc( error_response, 3);
        error_response[ 3]=( uint8_t) ( ( error_crc>>8) & 0xFF);
    error_response[ 4]=( uint8_t) ( error_crc & 0xFF);
//发送错误响应帧
        HAL_GPIO_WritePin( GPIOA, GPIO_PIN_4, GPIO_PIN_SET);
```

HAL_UART_Transmit(&huart1, error_response, 5, HAL_MAX_DELAY);

当 CRC 校验无误后继续判断指令为 03 码还是 06 码，为 03 码则进入读寄存器的函数 Recv_Read() 如下：

```
//03 码,读取寄存器的值
void Recv_Read()
{
    uint16_t starting_address=(uart1_rec_buf[2]<<8) | uart1_rec_buf[3];  //起始地址
    uint16_t register_count=(uart1_rec_buf[4]<<8) | uart1_rec_buf[5];//寄存器数量

    //检查起始地址和寄存器数量是否有效
    if(starting_address+register_count<=sizeof(holding_registers)/sizeof(holding_registers[0]))
        {
            uint8_t response_buffer[MAX_BUFFER_SIZE];
            uint8_t index=0;

            //构建响应帧
            response_buffer[index++]=Address;//设备地址
            response_buffer[index++]=0x03;      //功能码
            response_buffer[index++]=register_count * 2;//数据字节数
            for(uint16_t i=0; i<register_count; i++)
              {
                  response_buffer[index++]=(holding_registers[starting_address+i]>>8)& 0xFF;  //高字节
                  response_buffer[index++]=holding_registers[starting_address+i] & 0xFF;  //低字节
              }
            //计算 CRC 校验码
            uint16_t crc=calculate_crc(response_buffer, index);
            response_buffer[index++]=(crc>>8)& 0xFF;   //CRC 高字节
```

第四章 感知系统——风速风向传感器设计

```
        response_buffer[index++] = crc & 0xFF;    //CRC 低字节

        //发送响应帧
        HAL_GPIO_WritePin(GPIOA, GPIO_PIN_4, GPIO_PIN_SET);
        HAL_UART_Transmit(&huart1, response_buffer, index, HAL_MAX_DELAY);
    }
}
```

为 06 码则进入写寄存器的函数 Recv_Write()，如下：

```
//06 码,写入寄存器的值
void Recv_Write()
{
    uint16_t write_address = (uart1_rec_buf[2]<<8) | uart1_rec_buf[3];   //写入地址
    uint16_t write_value = (uart1_rec_buf[4]<<8) | uart1_rec_buf[5];   //写入值

    //检查写入地址是否有效
    if(write_address<sizeof(holding_registers)/sizeof(holding_registers[0]))
    {
        //写入保持寄存器
        holding_registers[write_address] = writc_value;
        Address = holding_registers[0];

        //构建响应帧
        uint8_t response_buffer[8];
        uint8_t index = 0;
        response_buffer[index++] = Address;    //从设备地址
        response_buffer[index++] = 0x06;    //功能码
        response_buffer[index++] = (write_address>>8) & 0xFF;   //写入地址高字节
        response_buffer[index++] = write_address & 0xFF;    //写入地址低字节
        response_buffer[index++] = (write_value>>8) & 0xFF;    //写入值高字节
```

· 133 ·

response_buffer[index++] = write_value & 0xFF;   //写入值低字节

//计算 CRC 校验码
uint16_t crc = calculate_crc(response_buffer, 6);
response_buffer[index++] = (crc>>8) & 0xFF;   //CRC 高字节
response_buffer[index++] = crc & 0xFF;   //CRC 低字节
//发送响应帧
HAL_GPIO_WritePin(GPIOA, GPIO_PIN_4, GPIO_PIN_SET);
HAL_UART_Transmit(&huart1, response_buffer, index, HAL_MAX_DELAY);
    }
}

(4) main 代码编写

在 main() 函数中只需将基本外设初始化并打开定时器以及启动 USART2 的 DMA 接收即可，代码如下：

```
int main(void)
{
    HAL_Init();
    SystemClock_Config();
    MX_GPIO_Init();
    MX_DMA_Init();
    MX_USART1_UART_Init();
    MX_TIM1_Init();
    HAL_TIM_Base_Start_IT(&htim1);
    HAL_TIM_IC_Start_IT(&htim1, TIM_CHANNEL_1);
    HAL_GPIO_WritePin(GPIOA, GPIO_PIN_4, GPIO_PIN_RESET);//485 接收使能
    HAL_UARTEx_ReceiveToIdle_DMA(&huart1, uart1_rec_buf, MAX_BUFFER_SIZE);
    while(1)
    {
    }
}
```

（二）风向传感器程序实现

1. STM32CubeMX 配置和 Keil MDK-ARM 工程创建

风向传感器 STM32CubeMX 配置与风速传感器的配置基本上相同，只是不需要打开定时器，并且将 I²C 配置，前期步骤可按照风速传感器的设置进行，跳过第四步配置定时器的步骤，加上 I²C 配置即可，在 Pinout & Congiguration 选项卡下的 Connectivity 将 I²C 打开，如图 4-5-13 所示：

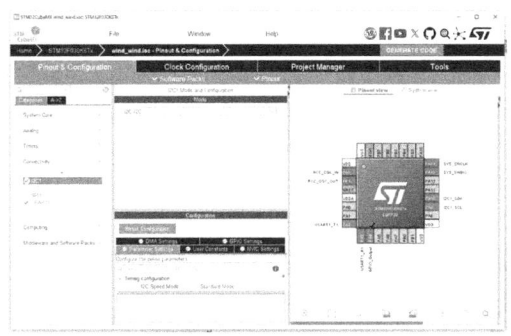

图 4-5-13　I²C 配置

2. 在 μVision 中编写代码

（1）全局变量定义

首先对需要用到的全局变量、常量进行定义，这里定义了 AS5600 的设备地址，一些要用到的寄存器地址，以及本从机默认的设备地址 0x0004，代码如下：

```
#define AS5600_ADDRESS 0x36
#define AS5600_ZPOS_MSB 0x01      //ZPOS 寄存器高 8 位
#define AS5600_ZPOS_LSB 0x02      //ZPOS 寄存器低 8 位
#define AS5600_ANGLE_MSB 0x0C     //角度寄存器低 8 位
#define AS5600_ANGLE_LSB 0x0D     //角度寄存器低 8 位
#define MAX_BUFFER_SIZE 256

uint8_t Address=0x0004;    //从设备地址
uint8_t uart1_rec_buf[ MAX_BUFFER_SIZE];    //接收缓冲区
uint16_t holding_registers[ 2] ={0x0004, 0x0000};    //模拟保持寄存器,地址、角度数据
```

（2）AS5600 角度编码器数据读取

拿到 AS5600 传感器后需要对其进行初始化设置，即要设置它的初始角度，将北方的角度设置为初始角度 0°，根据旋转的角度就可以判断是什么风向。在 AS5600 传感器启动后将磁铁置于传感器正上方朝向北方，然后在 ANGLE 角度寄存器中读取当前的角度值，将其写入 ZPOS 寄存器中，之后执行 Burn_Angle（将 0x80 写入 0xFF 寄存器中）即可完成初始角度的标定。代码如下：

```
//读取 AS5600 的角度
uint16_t ReadAS5600Angle()
{
    uint8_t high_byte, low_byte;
    HAL_I2C_Mem_Read(&hi2c1, AS5600_ADDRESS<<1, AS5600_ANGLE_MSB, 1, &high_byte, 1, HAL_MAX_DELAY);
    HAL_I2C_Mem_Read(&hi2c1, AS5600_ADDRESS<<1, AS5600_ANGLE_LSB, 1, &low_byte, 1, HAL_MAX_DELAY);
    return((uint16_t)high_byte<<8) | low_byte;
}
```

此段代码是通过 HAL 库的 I^2C 读取函数对 AS5600 传感器的角度寄存器内容进行读取；

```
//写入 AS5600 寄存器
void WriteAS5600Register(uint8_t reg, uint8_t data)
{
    HAL_I2C_Mem_Write(&hi2c1, AS5600_ADDRESS<<1, reg, 1, &data, 1, HAL_MAX_DELAY);
}
```

此段代码是通过 HAL 库的 I^2C 读取函数将数据写入 AS5600 传感器的某个寄存器；

```
void SetAS5600ZeroPosition()
{
    //读取当前角度
    uint16_t current_angle = ReadAS5600Angle();
    //将当前角度写入 ZPOS 寄存器
    WriteAS5600Register(AS5600_ZPOS_MSB, (current_angle>>8) & 0xFF);    //
```

高字节

  WriteAS5600Register(AS5600_ANGLE_LSB, current_angle & 0xFF);
//低字节
}
此段代码是将数据写入 AS5600 传感器的 ZPOS 寄存器;

void AS5600Burn_Angle( )
{
  WriteAS5600Register(0xFF, 0x80);
}
  此段代码完成 Burn_Angle 命令,以此来完成初始角度的标定。
  从 AS5600 传感器中取得角度数据后需要将数据进行处理然后存入模拟寄存器中,AS5600 传感器的分辨率为 12 位,将 0°~360°的数据用 0-4095 来表示,所以读取到的数据为 0~4 095 之间的数,将数字进行处理来得到实际的角度值。将得到的角度值分成实际生活中常用的 8 个方向的角度值存入模拟寄存器中。代码如下:

```
void Deal_Angle( )
{
    uint16_t angle = ReadAS5600Angle( );
    uint16_t Angle = angle /4096 * 360;
    //0: 337-22, 45: 22-67, 90: 67-112, 135: 112-157, 180: 157-202, 225: 202-247, 270: 247-292, 315: 292-337
        if( Angle>337 ||   Angle<=22)   //北风
            holding_registers[1] = 0;
        if( Angle>22 ||   Angle<=67)//西北风
            holding_registers[1] = 45;
        if( Angle>67 ||   Angle<=112)//西风
            holding_registers[1] = 90;
        if( Angle>112 ||   Angle<=157)//西南风
            holding_registers[1] = 135;
        if( Angle>157 ||   Angle<=202)//南风
            holding_registers[1] = 180;
        if( Angle>202 ||   Angle<=247)//东南风
```

holding_registers[1] = 225;
        if(Angle>247 || Angle<=292)//东风
            holding_registers[1] = 270;
        if(Angle>292 || Angle<=337)//东北风
            holding_registers[1] = 315;
}

（3）Modbus-RTU 协议实现

风向传感器的 Modbus-RTU 协议实现方法与风速传感器设计一致，可参考其设计方法，这里不再赘述。

（4）main 函数编写

在 main（）函数中对 STM32 外设进行初始化，在 while 循环中一致循环采集角度数据并存入模拟寄存器中即可。

```
int main( void)
{
    HAL_Init();
    SystemClock_Config();
    MX_GPIO_Init();
    MX_DMA_Init();
    MX_I2C1_Init();
    MX_USART1_UART_Init();
    SetAS5600ZeroPosition();
    HAL_Delay(10);
    AS5600Burn_Angle();
    while(1)
      {
         Deal_Angle();
         HAL_Delay(500);
      }
}
```

在 main()函数中
SetAS5600ZeroPosition();
HAL_Delay(10);
AS5600Burn_Angle();

第四章 感知系统——风速风向传感器设计

这串代码是为了标定 AS5600 传感器的初始角度的,只需在设计开始前运行一次删除即可。

(三) 主机测试程序实现

主机的主要功能是通过 Modbus-RTU 协议与传感器通信,实现数据的读取与展示。首先,主机初始化并配置 RS-485 通信接口,通过 Modbus-RTU 协议发送读取请求,指定功能码和寄存器地址。传感器响应后,主机接收并解析数据,将其转换为可读格式。随后,主机将处理后的风速和风向数据通过串口或显示屏打印展示,便于实时监控和分析,其流程图如图 4-5-14 所示。

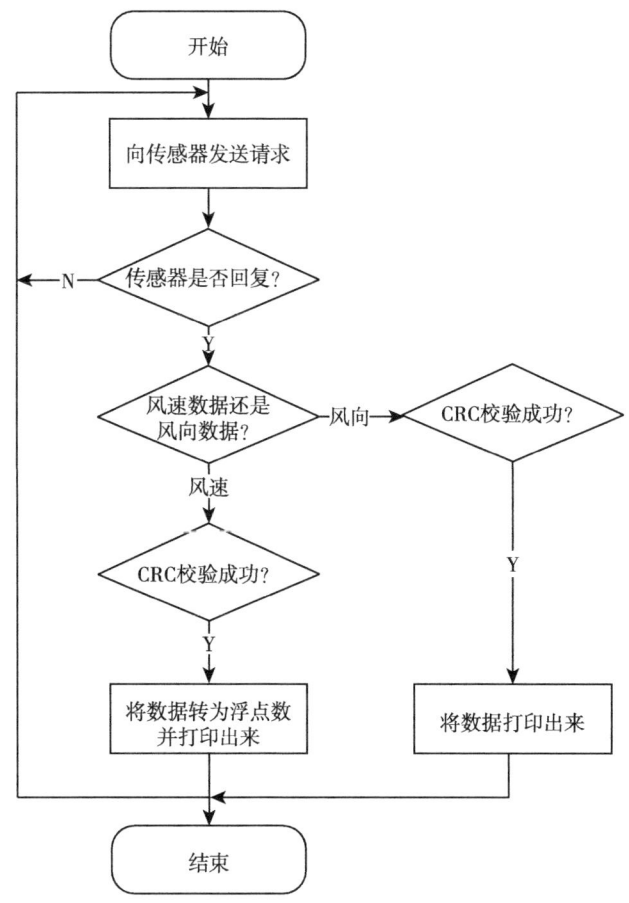

图 4-5-14 主机程序流程图

1. STM32CubeMX 配置和 Keil MDK-ARM 工程创建

(1) 创建项目

打开 STM32CubeMX 软件,选择第一个选项,点击 ACCESS TO MCU SELECTOR 创建一个新的项目,如图 4-5-15 所示:

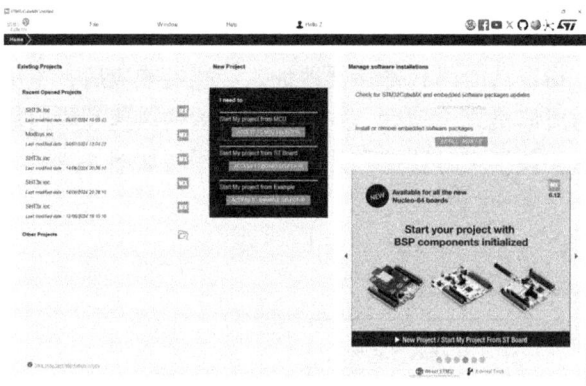

图 4-5-15 创建项目

在搜索框输入本次项目要用的单片机 STM32F103C8T6,双击即可,如图 4-5-16 所示:

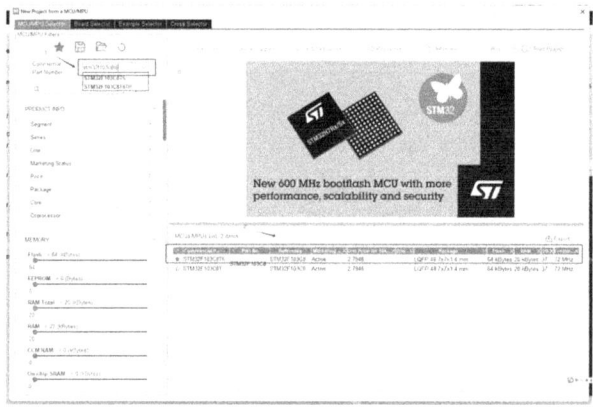

图 4-5-16 选择芯片

选择好芯片之后进入芯片引脚配置 Pinout & Configuration 的界面,如图 4-5-17 所示:

第四章　感知系统——风速风向传感器设计

图 4-5-17　芯片引脚配置界面

（2）配置下载模式和调试模式

在 System Core 下 SYS 中的 Debug 选择 Serial Wire 模式，如图 4-5-18 所示：

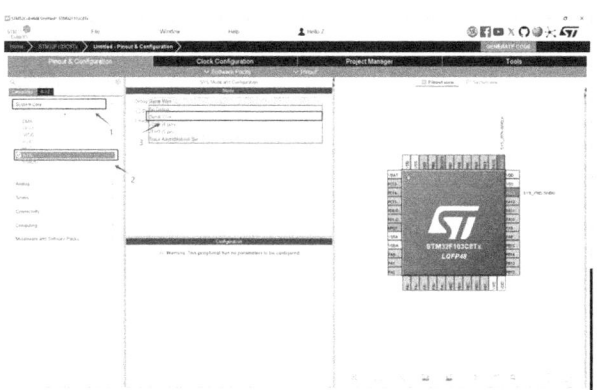

图 4-5-18　选择下载模式

（3）配置时钟源及时钟树

在 System Core 下的 RCC 中，将高速时钟（HSE）和低速时钟（LSE）都配置为外部时钟源，如图 4-5-19 所示。这样设置可以利用外部晶体振荡器提供更稳定和精确的时钟信号。

在时钟树配置中，通过 Clock Configuration 选项进行设置。首先，在 System Clock Mux 中选择 PLLCLK 作为系统时钟源；接着，在 PLL Source Mux 中指定 HSE 为 PLL 的输入时钟源。为实现 72 MHz 的频率输出，配置 PLL 的

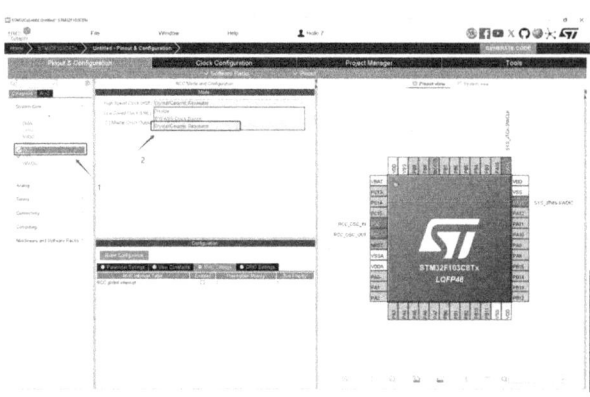

图 4-5-19　选择时钟源

倍频系数，在 PLLMUL 中选择 9 进行 9 倍频处理（即 8 MHz × 9 = 72 MHz），确保 PLLCLK 输出的频率准确为 72 MHz。进一步配置 AHB 总线时钟（HCLK），在 AHB Prescaler 中设置为 1，意味着 HCLK 等于系统时钟（SYSCLK），即 72 MHz。对于 APB1 和 APB2 总线时钟（PCLK1 和 PCLK2），在 APB1 Prescaler 中选择 2 进行分频，使得 PCLK1 频率为 HCLK 的一半，即 36 MHz，满足 STM32F103 系列 APB1 最大频率的要求；在 APB2 Prescaler 中设置为 1，表示 PCLK2 频率与 HCLK 相同，即 72 MHz，符合 APB2 的最大频率限制。如图 4-5-20 所示：

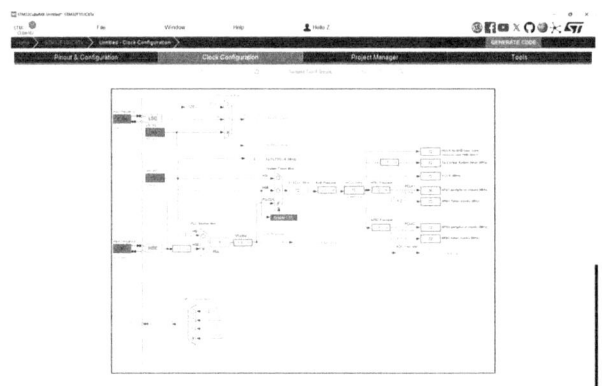

图 4-5-20　配置时钟树

(4) 配置 USART

主机通过 USART2 接口与 SSP3485 进行通信，USART3 接口与 PC 端进行通信。在 Pinout & Configuration 选项卡中点击 Connectivity 展开列表，选择 US-ART2 接口。在 Mode 下选择 Asynchronous 模式，点击 Parameter Settings 配置页面，通常有以下几个配置选项：

Baud Rate：配置波特率。

Word Length：设置每个数据位的长度。

Parity：选择是否启用校验。

Stop Bits：设置停止位。

Data Direction：设置数据传输方向。

Over Sampling：通常保留为 16，这可以提高波特率的稳定性。

波特率选择 9600，其他配置保持默认即可，USART3 与 USART2 配置相同，如图 4-5-21 和图 4-5-22 所示：

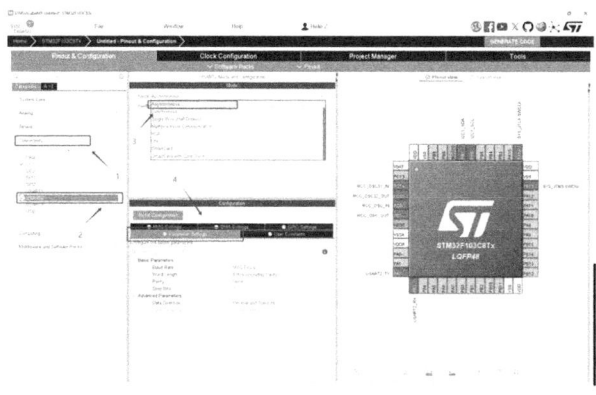

图 4-5-21　配置 USART2 接口

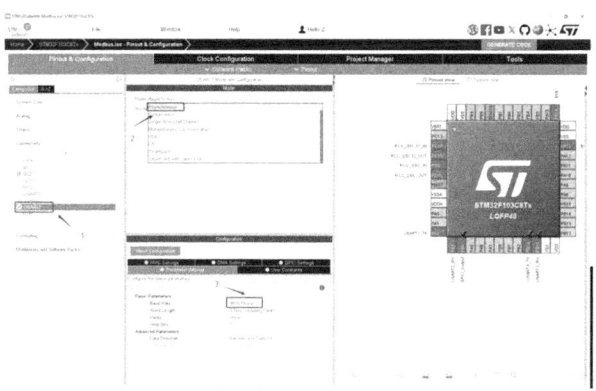

图 4-5-22　配置 USART3 接口

在使用 USART2 接收数据（USART2_RX）时，结合 DMA（Direct Memory Access）可以高效处理大量数据，而无须 CPU 的持续干预，从而显著提高数据传输效率。通过配置 DMA 通道并使用 HAL 库提供的函数，可以轻松实现无阻塞的数据传输。在配置 USART2 的页面下，找到 DMA Settings 选项卡，点击 Add，选择 USART2_RX，并配置以下参数：

DMA Channel：选择 DMA1 Channel6。
Direction：选择 Peripheral To Memory（外设到内存）。
Priority：设置优先级（Medium）。
Mode：选择 Normal 模式。
Increment Address：选择内存递增，收到的数据依次在内存当中。
Data Width：数据宽度选择 Byte，8 位。
具体如图 4-5-23 所示：

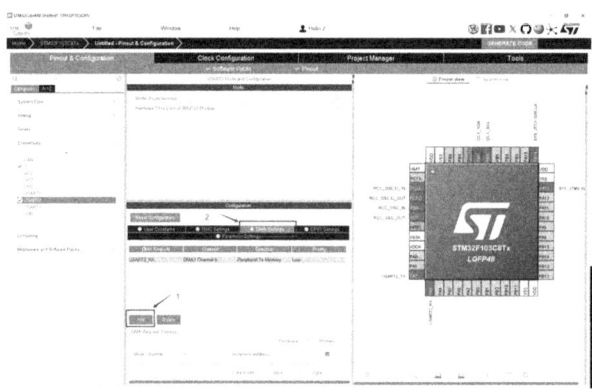

图 4-5-23　USART2_RX 配置

（5）配置 IO 口

依旧选择 PA4 引脚控制 SSP3485 收发器的收发使能，在右边 Pinout view 中找到 PA4 引脚，左键点击配置 PA4 引脚为 PIO_Output 输出模式，GPIO output level 选择 Low，默认为接受使能；GPIO mode 选择推完输出；GPIO Pull-up/Pul-down 选择 No pull-up and no pull-down 模式；Maximum output speed 设置为 Low。如图 4-5-24 所示：

（6）Keil MDK-ARM 工程创建

在 Project Manager 中填写项目名称，由于将在 μVision 提供的 MDK-ARM

第四章　感知系统——风速风向传感器设计

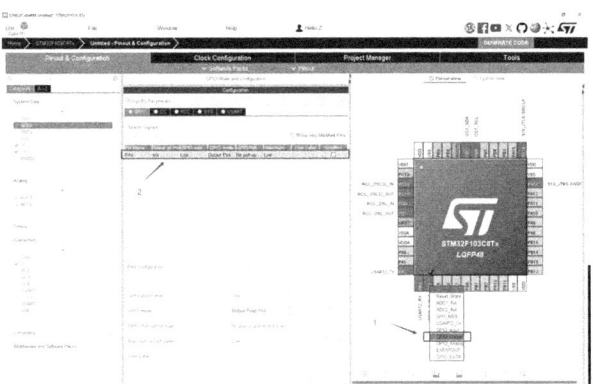

图 4-5-24　配置 IO 口

开发环境中编写代码,因此在 Toolchain/IDE 选项中选择 MDK-ARM。最后,点击右上方的"GENERATE CODE"按钮即可生成代码。如图 4-5-25 所示：

图 4-5-25　生成项目代码

2. 在 μVision 中编写代码

生成项目后点开 main.c 文件,编写以下代码：

```
#include "main.h"
#include "stdio.h"
#ifdef __GNUC__
  #define PUTCHAR_PROTOTYPE int __io_putchar( int ch)
#else
  #define PUTCHAR_PROTOTYPE int fputc( int ch, FILE * f)
```

· 145 ·

#endif

　　PUTCHAR_PROTOTYPE
{
　HAL_UART_Transmit(&huart3,(uint8_t *)&ch,1,0xFFFF);//??????,??2
　return ch;
}

　　这段代码导入了所需的头文件以及对 printf 函数的重定向,使其通过 UART3 接口传输字符,这样在程序中使用 printf 时,输出将会通过 UART3 发送到串口终端。
UART_HandleTypeDef huart2;
UART_HandleTypeDef huart3;
DMA_HandleTypeDef hdma_usart2_rx;

void SystemClock_Config(void);
static void MX_GPIO_Init(void);
static void MX_DMA_Init(void);
static void MX_USART2_UART_Init(void);
static void MX_USART3_UART_Init(void);

　　在这段代码中,声明了 UART_HandleTypeDef 类型的句柄 huart2 和 huart3,用于管理 UART2 和 UART3 外设的配置和控制。UART_HandleTypeDef 是 STM32 HAL 库中定义的一个结构体类型,用于存储 UART 外设的状态和配置信息。同时,还声明了 DMA_HandleTypeDef 类型的句柄 hdma_usart2_rx,用于管理 USART2 接收数据的 DMA 传输。DMA_HandleTypeDef 也是 STM32 HAL 库中定义的一个结构体类型,用于存储 DMA 通道的状态和配置信息。
#define UART2_REC_BUF_LEN 256
#define Speed_Address 0x0003
#define Direction_Address 0x0004

uint8_t uart2_rec_buf[UART2_REC_BUF_LEN];

float Wind_Speed=0.0;
int Wind_Direction=0;

这段代码定义了一个长度为 256 的 UART2 接收缓冲区数组 uart2_rec_buf，用于存储从 UART2 接收到的数据。同时还定义了风速传感器和风向传感器的地址，分别为 0x0003 和 0x0004。还声明了两个变量 Wind_Speed 和 Wind_Direction，分别用于存储风速和风向数据，初始值分别为 0.0 和 0。

```
//计算 CRC16 校验码
uint16_t calculate_crc(uint8_t *buffer, uint16_t length)//16 位 CRC 校验
{
    uint16_t crc=0xFFFF;

    for(uint16_t pos=0; pos<length; pos++)
    {
        crc ^=(uint16_t) buffer[pos];
        for(uint8_t i=8; i!=0; i--)
        {
            if((crc & 0x0001)!=0)
            {
                crc>>=1;
                crc ^=0xA001;
            }
            else
            {
                crc>>=1;
            }
        }
    }
    return crc;
}
```

该函数的主要功能是根据输入的数据缓冲区和长度计算其 16 位 CRC 校验值。CRC 校验通常用于验证数据的完整性，确保数据在传输或存储过程中未被篡改。函数需要传入两个参数：uint8_t *buffer 表示输入的数据缓冲区，指向一个包含计算 CRC 所需数据的数组；uint16_t length 表示输入数据的长度，即缓冲区中的字节数。

在函数内部，crc 变量用于存储当前的 CRC 计算结果，初始值为 0xFFFF。

外层循环遍历缓冲区中的每个字节,并将其与当前的 crc 进行异或操作。内层循环处理每个字节的 8 位,按位计算 CRC 值。最内层循环检查 crc 的最低位(第 0 位):如果最低位为 1,则进行多项式除法,将 crc 右移并与 0xA001(代表 CRC 多项式)进行异或操作;如果最低位为 0,则直接右移 crc 而不进行异或操作。最后,函数返回计算得到的 CRC 校验值。

```
void Transmit( uint8_t address, uint8_t function, uint16_t start_address, uint16_t quantity)
{
//构建请求帧
    uint8_t Tx_buf[8];
    Tx_buf[0] = address;
    Tx_buf[1] = function;
    Tx_buf[2] = (uint8_t)(start_address>>8);//高位
    Tx_buf[3] = (uint8_t)start_address;//低位
    Tx_buf[4] = (uint8_t)(quantity>>8);//高位
    Tx_buf[5] = (uint8_t)quantity;//低位

    //计算 CRC 校验码
    uint16_t crc = calculate_crc(Tx_buf, 6);
        Tx_buf[6] = (uint8_t)(crc>>8);//高位
    Tx_buf[7] = (uint8_t)(crc & 0xFF);//低位

    //通过 UART 发送数据
        HAL_GPIO_WritePin(GPIOA, GPIO_PIN_4, GPIO_PIN_SET);
        HAL_UART_Transmit(&huart2, Tx_buf, 8, HAL_MAX_DELAY);
}
```

该函数的主要功能是构建一个 Modbus-RTU 请求帧。在此函数中,使用 Tx_buf 数组来构建请求帧的内容。

Tx_buf [0] 存储从设备的地址(address),标识要通信的从设备。

Tx_buf [1] 存储功能码(function),指定要执行的操作类型(例如读取或写入寄存器)。

Tx_buf [2:3] 存储起始地址(start_address)或者要写入寄存器的地址的高位和低位,决定了操作的目标地址。

第四章 感知系统——风速风向传感器设计

Tx_buf［4：5］存储数量（quantity）或者要写入的值的高位和低位，指示需要操作的数据量或具体写入的值。

函数调用 calculate_crc 函数计算前 6 个字节数据的 CRC 校验码。CRC 校验码的高位和低位分别存储在 Tx_buf［6］和 Tx_buf［7］中，用于数据完整性验证。最后，函数将 SSP3485 调至发送模式，并将构建好的请求帧发送出去。

```
void Speed_Recv()//验证数据正确性
{
        uint8_t num=uart2_rec_buf[2];
        uint16_t Recv_Speed=0;

        //提取接收到的 CRC 校验码
        uint16_t received_crc=(uart2_rec_buf[num+3]<<8) | uart2_rec_buf[num+4];

        //计算接收数据的 CRC 值
        uint16_t calculated_crc=calculate_crc(uart2_rec_buf, num+3);
        if(received_crc==calculated_crc)
        {
            Recv_Speed=((uint16_t) uart2_rec_buf[3]<<8) | uart2_rec_buf[4];
            Wind_Speed=(float) Recv_Speed /10;
        }
}
```

这段代码用于验证数据正确性和解析风速数据的函数。函数名为 Speed_Recv（），其作用是对从 UART2 接收到的数据进行处理，主要包括 CRC 校验和风速数据的提取。

当接收到风速数据后，从接收缓冲区中提取高位和低位字节，并组合成 16 位的 CRC 值。然后进行 CRC 校验，如果接收到的 CRC 校验码与计算出的校验码相同，就将风速数据提取出来本进行计算得到具体的风速值。

```
void Direction_Recv()
{
        uint8_t num=uart2_rec_buf[2];
```

uint16_t Recv_Direction=0;

//提取接收到的 CRC 校验码
uint16_t received_crc=(uart2_rec_buf[num+3]<<8) | uart2_rec_buf[num+4];

//计算接收数据的 CRC 值
uint16_t calculated_crc=calculate_crc(uart2_rec_buf, num+3);
if(received_crc==calculated_crc)
{
    Recv_Direction=((uint16_t)uart2_rec_buf[5]<<8) | uart2_rec_buf[6];
    Wind_Direction=Recv_Direction;
}
}

这段代码是对风向数据进行验证，验证成功后将风向数据提取出来存储到 Wind_Direction 变量中。

```
void HAL_UARTEx_RxEventCallback(UART_HandleTypeDef * huart, uint16_t Size)
{
if(huart->Instance==USART2)
    {
        if(uart2_rec_buf[0]==Speed_Address)
    {
            Speed_Recv();
        }
        if(uart2_rec_buf[0]==Direction_Address)
    {
            Direction_Recv();
        }
        HAL_UARTEx_ReceiveToIdle_DMA(&huart2, uart2_rec_buf, UART2_REC_BUF_LEN);
    }
```

}

这段代码是 UART 接收回调函数，用于处理接收到的数据；当接收到数据的时候，判断这个数据帧是哪个从设备发来的，然后采取对应的处理函数进行数据处理。

```
int main( void)
{
    HAL_Init( );
    SystemClock_Config( );
    MX_GPIO_Init( );
    MX_DMA_Init( );
    MX_USART2_UART_Init( );
    MX_USART3_UART_Init( );
HAL_UARTEx_ReceiveToIdle_DMA( &huart2, uart2_rec_buf, UART2_REC_BUF_LEN);
    while( 1)
    {
                HAL_GPIO_WritePin( GPIOA, GPIO_PIN_4, GPIO_PIN_SET);
                Transmit( 0x03, 0x03, 0x0000, 0x0001);
                HAL_GPIO_WritePin( GPIOA, GPIO_PIN_4, GPIO_PIN_RESET);

                HAL_Delay( 500);
                HAL_GPIO_WritePin( GPIOA, GPIO_PIN_4, GPIO_PIN_SET);
                Transmit( 0x04, 0x03, 0x0000, 0x0002);
                HAL_GPIO_WritePin( GPIOA, GPIO_PIN_4, GPIO_PIN_RESET);
                HAL_Delay( 500);
                printf( "Wind_Direction = %d°, Wind_Speed = %fm/s", Wind_Direction, Wind_Speed);
    }
}
```

主函数中，对硬件和外设进行初始化，配置系统时钟，并设置 UART 接收中断和 DMA 传输。主循环中周期性的发送 Modbus-RTU 请求，读取并打印风向和风速数据。

六、分析与结论

获取风速风向数据需在 PC 端打开串口调试助手,通过 USB 转 TTL 接口将 STM32F103C8T6 的 UART3 接口与 PC 连接起来。首先,确保波特率设置与 STM32 的 UART3 波特率一致,如 9600、115200 等。连接成功后,打开串口调试助手的日志窗口,可以看到 STM32 定期发送的风向和风速数据被实时打印出来。数据格式为:Wind_Direction = XX°,Wind_Speed = XXm/s,其中 XX 表示具体的数值。如图 4-6-1 所示。

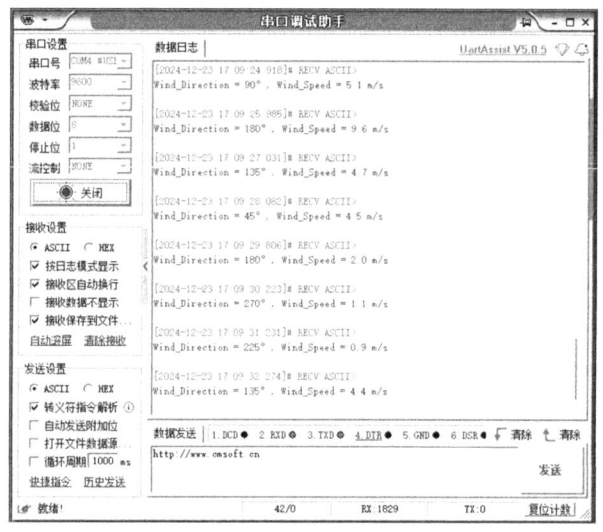

图 4-6-1 风速和风向数据展示

将接收到的风速数据通过绘制折线图的方式,可以更直观地展示数据的变化趋势。如图 4-6-2 所示,横轴表示时间序列,纵轴为风速值,折线连接各个数据点,能够清晰地反映风速随时间的变化情况。这种图表不仅能直观呈现数据的整体波动,还能帮助快速识别峰值、谷值以及变化规律,便于后续分析数据的趋势和特征。

将风向数据以柱状图的方式标示出来,可以准确看到每个时间点对应的风向标的角度,再根据风向数据参照表(表 4-6-1)就可以得到实际的风向,如图 4-6-3 所示。

第四章　感知系统——风速风向传感器设计

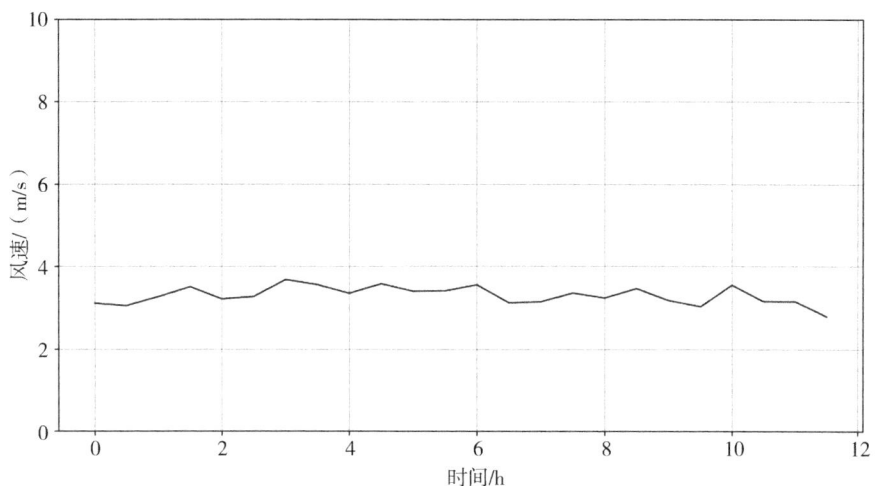

图 4-6-2　风速数据折线图

表 4-6-1　风向数据参照表

采集值（0~7档）	采集值（0°~360°）/°	对应方向
0	0	北风
1	45	东北风
2	90	东风
3	135	东南风
4	180	南风
5	225	西南风
6	270	西风
7	315	西北风

　　本章通过实现对风速风向传感器的采集功能，成功获取了传感器提供的风速和风向数据，并完成了风速风向的实验设计。使用 STM32F030K6T6 通过 ModBus-RTU 协议与传感器进行通信，实现了数据的实时采集与传输。实验过程中，利用 PC 端串口调试助手接收并记录数据，并通过折线图和柱状图等方式对数据进行可视化分析，验证了系统的稳定性和数据的准确性。最终成功实现了风速风向数据的采集与分析，为后续的实验和应用奠定了基础。

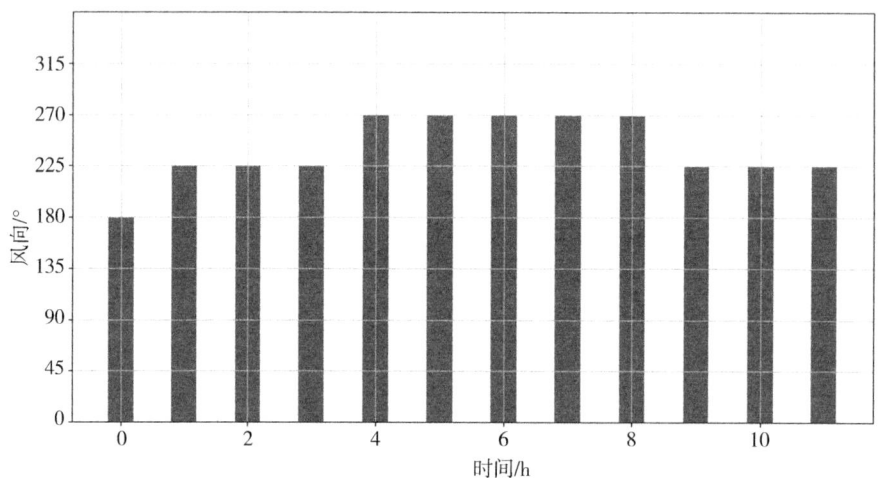

图 4-6-3 风速数据柱状图

参考文献

[1] 安赛,赵忠辉,张浪,等.矿用对射式风速风向传感器设计[J].工矿自动化,2024,50(4):50-54.

[2] 单泽彪,解晓冉,刘小松,等.互射式三阵元超声波传感器的二次相关测风方法[J].电子学报,2023,51(9):2428-2436.

[3] 丰颖,苗可彬.基于差压原理的风速风向传感器设计[J].电子设计工程,2022,30(19):120-124.

[4] VANPUTTEN A F P, MIDDELHOEKS. Integrated sili conane mometer [J]. Electronics Letters, 1974, 10 (21): 425-426.

[5] VANOUDHEUSDEN B W. Sili conthermal flow sensor with at wo-dimensional direction sensitivity [J]. Measurement Science & Technology, 1990, 1 (7): 565-575.

[6] WU J F, CHAEY, VROONHOVENCPLV, et al., A50m WCMOS wind sensor with ±4% speed and ±2° direction error [C] //2011 International Solid-State Circuits Conference, SanFrancisco, CA, USA, 2011: 106-108.

[7] ZHU Y Q, CHEN B, GAO D, et al., Arobustand low power 2-D the rmal wind sensor based on a glass-in sili conreflow process [J]. Microsystem Technologies, 2016, 22 (1): 151-162.

第五章 感知系统——光照传感器设计

一、引言

光合作用是植物生长的基础，光照强度直接影响作物的生长速度、产量和品质。光照强度是农业气象监测的重要参数，能帮助生产者评估日照时长、太阳辐射等关键指标。在大田农业生产过程中，光照传感器用于实时监测农田的光强和日照时长，为不同作物提供精准的光照数据支持。通过分析作物冠层光照分布情况，生产者可以优化田间作物布局和种植密度，为光需求不同的作物选择最优种植区域。此外，结合风速风向、空气温湿度、降水量等其他气象数据，可以根据光照数据预测作物生长状况和收获时间。在设施农业、植物工厂中，光照传感器是环境控制系统的核心要素之一。它能够动态监测温室内光照条件，自动调节遮阳网、补光灯等设备，确保作物获得适宜的光照强度和光周期，避免因过强或不足的光照给作物造成生长障碍。特别是在草莓、蓝莓、番茄等高附加值作物种植中，光照传感器能显著提升产量和品质。光照传感器可以与物联网技术结合，构建智能化农业监测与管理系统。通过采集光照、温湿度、土壤水分等多维数据，光照传感器为精准农业提供关键数据支持，指导智能灌溉、施肥和病虫害防控。同时，它还能与人工智能算法结合，实现大数据分析与预测，为农业生产提供科学决策依据。总体而言，光照传感器的应用推动了传统农业向数字化、精准化、智能化方向转型，为农业的可持续发展提供了技术保障。

光照传感器是一种将环境中的光信号转换为电信号的装置，其工作原理基于光电效应或光电导效应，通过对光强变化的响应生成对应的电信号，从而实现光强的检测和测量。光照传感器根据工作原理可以分光电效应型传感器、光电导效应型传感器。光电效应型传感器凭借其光敏材料的光电效应特质，在受到光照射后激发电子运动产生电信号，经过前置滤波、放大、ADC 等一系列处理得到与光强一致的光照度数值。光电二极管、光电晶体管、光伏电池等是光电效应型传感器的主要器件，具有灵敏度较高、响应较快、测量准确的特点，适合精准光强检测。光电导效应型传感器基于光电导效应原理，其敏感元件在受光照后引起光敏材料电导率的变化，从而改变电阻值，通过分压电路、放大电路、ADC等转换为光照度数据。光敏电阻、光敏二极管、TEMT6000等属于光电导效应传感器，具有简单易用的特点，需外挂ADC转换器才能获得光照数据。BH1750、TSL2561、VEML7700等内置ADC电路，可通过I^2C、SPI接口输出光照度数据，大大节省了信号调理电路和电路的设计，降低了光照传感器的成本，本案例将以BH1750为例设计一款适合农业生产的光照度传感器。

二、常见的光电传感器件

常见的光照传感器件主要包括光敏电阻、光电二极管、光电晶体管、光强传感器（如BH1750、TSL2561、OPT3001等）。光敏电阻通过光电导效应感知光强，成本低，适用于光控开关等简单场景。光电二极管和光电晶体管基于光电效应工作，具有响应速度快、灵敏度高的特点。光强传感器通常集成数字接口，支持高动态范围和精确测量，是精细化光照监测的首选。这些传感器广泛应用于农业、智能家居、工业自动化和环境监测等领域，为光照检测与调控提供了可靠支持。

（一）光敏电阻

光敏电阻常采用硫化镉（CdS）或硒化镉（CdSe）等半导体材料制成，具有结构简单、成本低的特点，其电阻值会随着光照强度的变化而改变，常用于灯光自动控制、相机自动测光等。

GL3528是晶创和立科技公司生产的光敏电阻，图5-2-1为光敏电阻的实物图。该光敏电阻在10lx的光照条件下阻值约为10kΩ，当光照度达到100lx时其阻值降低为1kΩ，可以看出其阻值与光照强度呈现斜率为负的线性关系。

通过搭建合适的分压电路，利用光敏电阻随光照阻值变化的规律，可实现光照度的近似测量，图5-2-2为光敏电阻的分压电路，通过测量OUT信号点的电压值，可获得当前光照下的电压值，通过标定电压与光照强度关系，可

图5-2-1　GL3528光敏电阻

实现 OUT 电压推算光照度的设计目的。

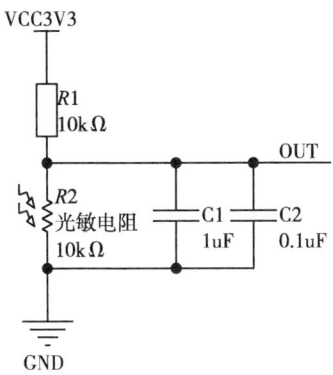

图 5-2-2　光敏电阻应用电路

OUT 信号点的电压测量一般用带有 ADC 功能的 SOC（System on Chip）微处理器实现，在完成电压精准采集的同时可以加入低通滤波算法，实现光照度的解算及数据的输出等功能。

（二）光敏二极管

光敏二极管是一种基于光电效应工作的光电传感器，能够将光信号转换为电信号。它由一个 PN 结组成，当光子照射到 PN 结的半导体材料上时，光子能量激发电子从价带跃迁到导带，形成电子-空穴对（图 5-2-3）。这些载流子在 PN 结的内建电场作用下产生光生电流，从而实现光强的检测。光敏二极管通常由硅（Si）或砷化镓（GaAs）等半导体材料制成，其表面覆盖有一层透光层，允许光进入 PN 结区域，当光子撞击半导体材料时，释放电子形成与光照强度成正比的电流。

光敏二极管在无光照时处于截止状态，在受光照射时导通并产生光电流。工作时通常施加反向电压使其处于反向偏置状态，当有光照时，光电流会通过负载产生电压信号。如图 5-2-4 所示，通过反向偏置电路产生与光照呈线性比例的电压信号，经过运算放大电路将光照信号电压放大后，可通过后续的 ADC 电路进行模数转换，从而得到与光照强度相关的光强数据。

（三）环境光传感器

环境光传感器（Ambient Light Sensor，ALS）是一种专门用于测量周围环境光强的电子元件，主要针对人眼可见光波段（380~780nm）进行感知。它

图 5-2-3　PD70-01C/TR7（BY）光敏二极管

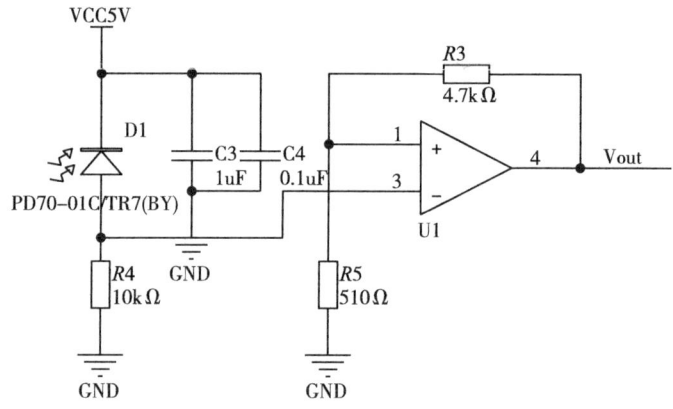

图 5-2-4　光敏二极管应用电路

能够模拟人眼对光线的响应，提供精准的光强数据。环境光传感器基于光电效应或光电导效应，将光信号转化为电信号。通常使用光电二极管或光电晶体管作为核心敏感元件，当光照射传感器时，内部产生光生电流或电压，输出的信号强度与光强成正比。现代传感器通常集成模数转换器（ADC）以及专业的数字总线接口，可直接提供数字输出。

BH1750 是一款高性能、数字输出的环境光传感器，用于测量环境光强度，输出单位为照度（lx）。其内部集成光敏二极管、放大电路、I^2C 接口电路以及时钟振荡电路，能够精确检测可见光强度，并将数据以数字形式通过 I^2C 接口传输给微控制器（图 5-2-5）。

BH1750 的核心工作原理基于光电效应，内部光电二极管将光照转换为电

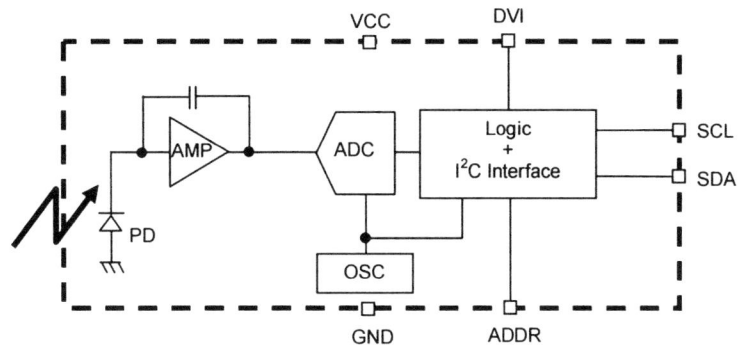

图 5-2-5　BH1750 结构框图

流信号，经过 I/V 转换以及电压放大后送入 ADC 转换电路，之后在逻辑控制单元的控制下，光照数据直接以 lx 为单位依照标准 I^2C 接口将最终结果送到微处理器中。BH1750 具有集成度高、灵敏度高、功耗低、分辨率高、适应性强、应用方便等特点，具体参数详见表 5-2-1。从技术参数可以看出 BH1750 是一款高性能、低功耗的数字环境光传感器，具有 I^2C 总线接口，可简化光照传感器的设计步骤。

表 5-2-1　BH1750 技术参数表

参数	值
测量范围	1~65 535lx
电源电压	2.4~3.6V
通信接口	I^2C 通信接口
工作电流	0.12mA
工作温度范围	-40~+85℃

图 5-2-6 为 BH1750 的实物图，其封装为 WSOF-6 共 6 个引脚。芯片非常小巧，可用于紧凑型光照传感器的研发和设计。

BH1750 引脚功能详见表 5-2-2，通过在 VCC 和 GND 之间接入 2.4~3.6V 的直流电源给芯片供电，一般在 VCC 与 GND 之间加 0.1uF 电容可有效消除数字电路中带来的高频噪声。ADDR 为地址选择引脚，若该引脚接 GND 则芯片在 I^2C 总线中的地址为 0100011；若该引脚接 VCC、的芯片在 I^2C 总线中的地址为 1011100。DVI 引脚确保器件在工作前有效复位，从而清除 BH1750 传感

图 5-2-6　BH1750 实物图

器中的寄存器值。SDA 和 SCL 为标准 I^2C 总线接口，与微控制器对应的 I^2C 主节点相连，通过读写时序可实现光照度传感器的数据读取、参数配置等功能。

表 5-2-2　BH1750 引脚功能表

引脚编号	引脚名称	功能描述
1	VCC	供电电压源正极 2.4~3.6V
2	ADDR	I^2C 地址线，接 GND 时器件地址为 0100011，接 VCC 时器件地址为 1011100
3	GND	供电电压源负极
4	SDA	I^2C 数据线，双向 IO 口，用来传输数据
5	DVI	用于芯片的异步复位
6	SCL	I^2C 时钟线，时钟输入引脚，由 MCU 输出时钟

光照传感器的种类繁多，除了上面介绍的几种类型外，还有 APDS-9301、MAX44009、VEML7700、ALS-PT19 等光强传感器，这些光照传感器覆盖了从基础模拟器件（如光敏电阻）到高精度数字传感器的广泛范围，可根据具体的应用场景选择性能合适、性价比高的传感器作为敏感元件，配合电源电路、接口电路实现具体光照传感器的设计。

三、光照传感器设计

BH1750 作为一种高精度、高集成、低功耗的光强传感器已在很多领域得到了应用，本章将该传感器与其他各类传感器的性能、价格、开发周期等对比后，确定了以 BH1750 为感光传感器的方案。

（一）传感器方案设计

常见的工业级光照传感器一般应具备 12~24V 宽电压输入能力，包含一个性能较高的 MCU 以及 RS-485 接口电路。根据农业场景下对光照传感器的定位，本章设计的光照传感器结构框图如图 5-3-1 所示。

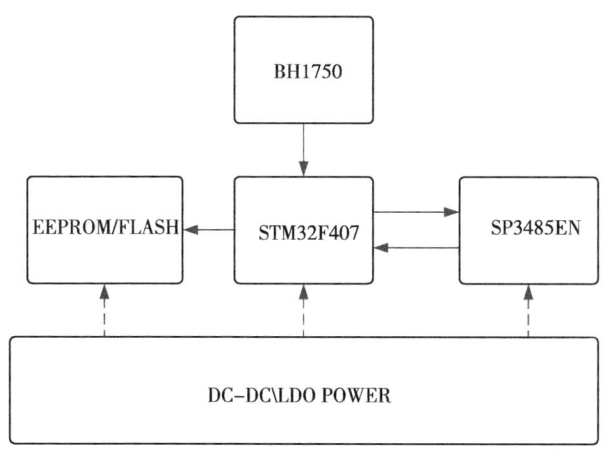

图 5-3-1　光照传感器结构框图

DC-DC 转换器是以 MP1583DN 为核心的 BUCK 降压电路，负责将 12~28V 直流电源降低到 5V，为传感器的各个 IC 提供电源。LDO 电路采用 AMS1117-3.3 线性稳压器，可将 5V 降低到 3.3V 为 STM32 及其他需要较低供电电压的 IC 提供电源。STM32F407 为整个传感器的核心处理单元，通过 I^2C 总线与光照传感器 BH1750 连接并持续采集原始光照数据，通过 UART 接口与 SP3485EN 连接构成 RS-485 接口，通过实现 Modbus-RTU 协议将光照数据发送给上位机。EEPROM 和 FLASH 为整个传感器提供非易失性存储（Non-Volatile Memory，NVM），保存设备的配置参数、备份数据等信息，使其在掉电后也能持续保存并恢复。

（二）硬件设计

根据光照传感器的设计方案，针对功能框图中的每个模块分别设计原理图，并依照信号类型和功率需求制定设计规则。

供电电路设计：

供电电路是整个传感器正常运行的基础，稳定的电源可以减少噪声对敏感元件的干扰，显著提升原始数据的质量，为后续数据的处理提供先决条件。供电电路的功率需确保传感器内部所有芯片及其驱动电路有足够的电源供应，在设计电源时需在额定功率基础上冗余 50%，以便在用电波动时确保电压的稳定输出。本章设计的光照传感器需满足宽电压输入需求，因此使用 DC-DC 降压方案能够兼顾功率输出与效率需求，在确保电压输入范围的同时，尽可能减少不必要的发热。

MP1584EN 是一款高效的降压型（BUCK）开关稳压器，广泛应用于便携式设备、工业控制、电源适配器等领域。它能够将较高的输入电压降为稳定的较低输出电压，提供高达 3A 的输出电流，满足对宽电压输入的需求。MP1584EN 采用固定频率的脉宽调制（PWM）模式工作，开关频率为 340kHz，效率高达 90% 以上，内置短路保护、过流保护、过温保护和欠压锁定功能，确保电路在异常情况下的安全运行。MP1584EN 内置 BUCK 电路，其核心部分包括开关管、续流二极管、电感和滤波电容。图 5-3-2 为 MP1584EN 经典应用电路，$R1$ 和 $R4$ 组成的分压网络控制输入电压的最小值，防止低压情况下因电源功率不足引起的误动作。$R2$ 和 $R5$ 组成电压反馈网络，它们的分压结果直接影响整个降压电路的输出电压值。

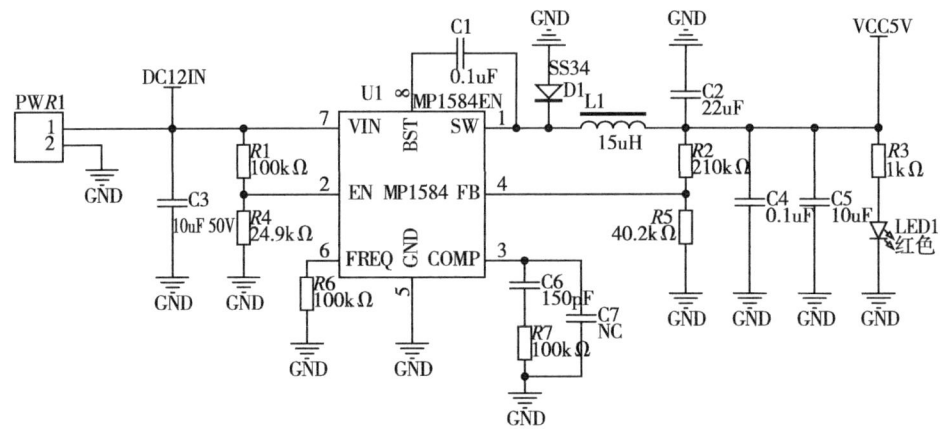

图 5-3-2　DC-DC 降压电路

DC-DC 降压电路可以高效解决宽电压、高比率降压需求，但是 BUCK 的电路利用 PWM 斩波降压也引入了高频的噪声，对电源品质要求较高的敏感元件可能因此变得测量结果波动、不准确。LDO 虽然不能像 DC-DC 那样高效的进行降压，但在输入和输出电压差别不大的情况下，可以实现较低噪声的降压转换。图5-3-3是基于AMS1117-3.3的LDO电压电路，AMS1117-3.3是一款常见的低压差线性稳压器，输出固定电压为3.3V。它具有低压差特性，在满载情况下压差约为1.1V，适合从较高的输入电压稳压到3.3V。AMS1117-3.3内置过热保护和过流限制功能，提供稳定可靠的电压输出。其封装一般为体积小巧的SOT-223，支持最大1A的输出电流，可以在外部增加滤波电容以提高输出稳定性。AMS1117-3.3适合本章光照传感器以及MCU对电源功率和品质的要求，可以将5V将至3.3V为STM32F407、BH1750、AT24C04M、SP3485EN等芯片提供稳定电源。

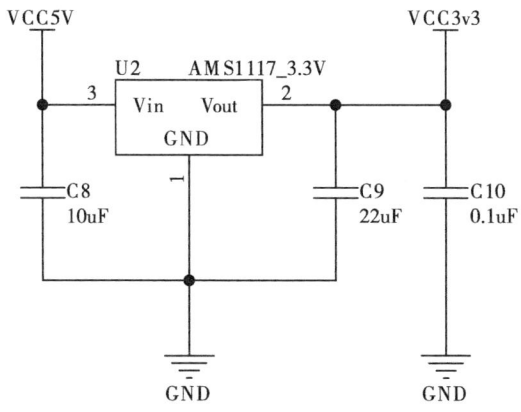

图5-3-3　LDO降压电路

MCU最小系统电路设计：

本章以STM32F407为核心MCU，负责实现光敏元件的数据采集、接口电路的数据传输、存储电路的数据记录等功能。最小系统电路是确保STM32F407微处理能够稳定运行的必备电路，一般包含电源电路、时钟电路、复位电路、调试与程序下载电路等。图5-3-4为STM32F407最小系统电路，通过设计模拟供电、数字供电、BOOT电路、时钟电流、SWD调试电路确保微处理器能够正常运行，并预留了足够的开发接口，供后续扩展。

STM32F407属于SOC（System on Chip），是一种高度集成的MCU，在其内部将嵌入式系统中的处理器内核、存储器、DMA、ADC、SPI、I^2C等外设集成到单一芯片中，达到降低功耗、提升性能、节省成本的目的。其内部供电需考虑到ADC、DAC、看门狗、RTC等外设对电源的特殊要求，应考虑与TIMER、GPIO、UART等数字外设分开供电，避免数字外设产生的高频噪声对模拟外设产生串扰，导致性能下降、测量不准等问题。

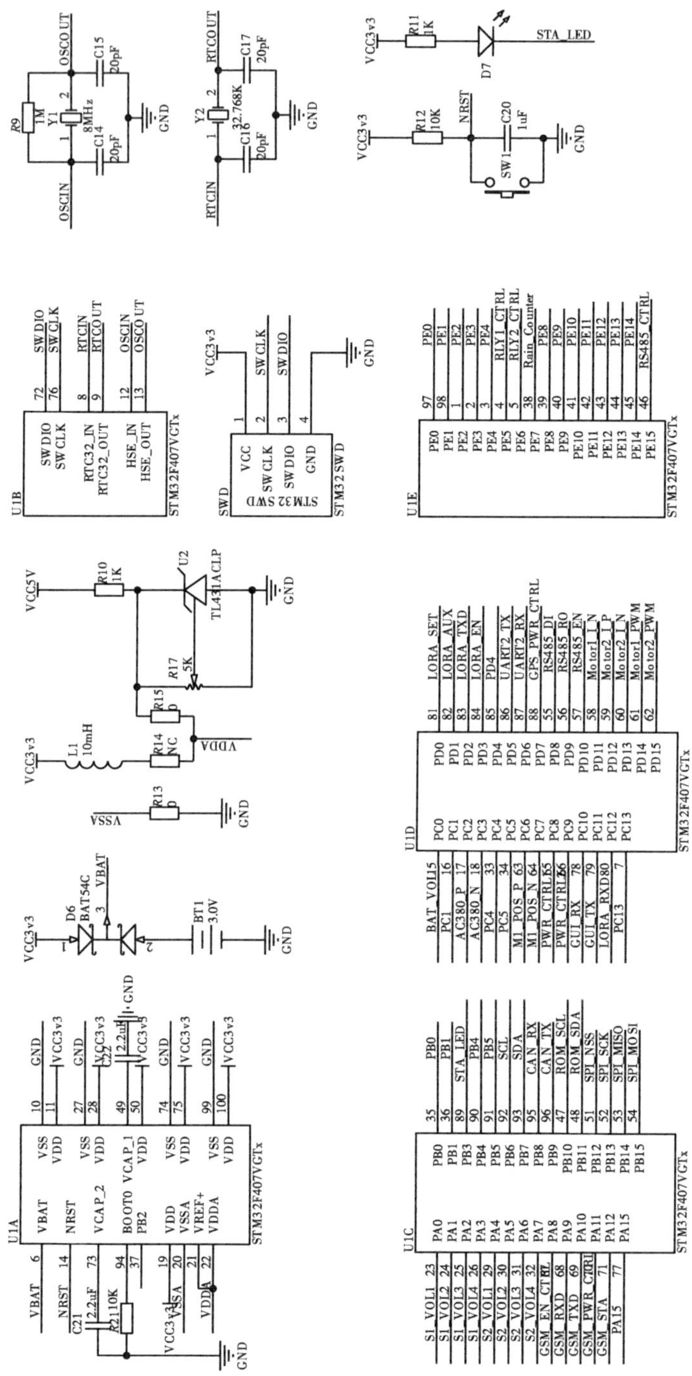

图5-3-4 STM32F407最小系统电路图

RTC 的备用电池需要为备份寄存器提供电源,使用 BAT54C 二极管可以实现在系统正常供电和备用电池之间自由切换。TL431ACLP 可以实现 ADC 的外部供电和外部参考源,使得 ADC 在转换过程中避免受到数字供电部分纹波的串扰影响。虽然 STM32 内部有 RC 振荡器,但容易受到温度的影响,因此本案例的时钟采用高速和低速晶振电路,确保了时钟的精度。调试和下载电路采用 Serial Wire 方式,相较于 JTAG 更加简洁,占用 IO 端口更少。

BH1750 是一款高精度环境光强传感器,用于测量周围环境光照强度,并以数字形式输出。其内部集成 I^2C 接口通信,具有高灵敏度、宽动态范围和低功耗的特点,是理想的光照传感器敏感元件。图 5-3-5 是 BH1750 光照传感器的驱动电路,采用 3.3V 低电压供电,有助于降低整体功耗。ADDR 引脚控制 I^2C 从设备的设备地址,若该引脚电压大于 0.7×VCC,此时的设备地址为 0x5C,若该电压小于 0.3×VCC 则设备地址变为 0x23,可用于多个 BH1750 光照传感器在同一个 I^2C 总线上的级联。SCL 和 SDA 引脚分别为 I^2C 总线的时钟和数据引脚,用于同步串行通信,将命令和光照结果返回给 MCU,实现光照度的采集。DVI 引脚为异步复位引脚,R8 和 C11 组成一阶阻容电路,实现传感器上电后的自动复位,确保传感器内部寄存器处于正常的工作状态,保证转换结果的准确性。

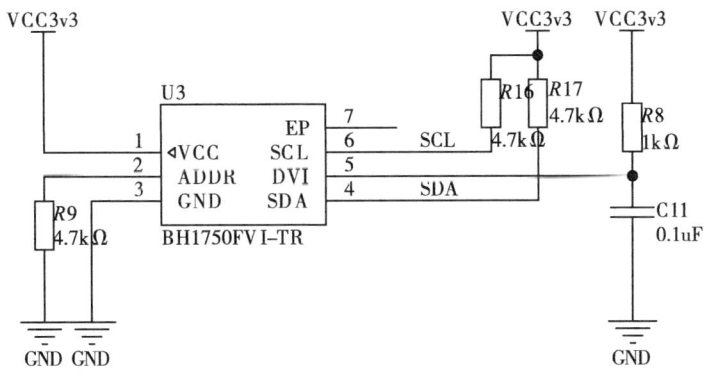

图 5-3-5　BH1750 电路图

AT24C04M 是一款 EEPROM(Electrically Erasable Programmable Read-Only Memory),容量为 4K bits(512 字节),具有 I^2C 通信接口,可用于非易失性数据存储,这使得断电后数据仍能保存。EEPROM 广泛应用于配置参数存储、用户数据保存、传感器校准信息、设备标识等场景。SCL 和 SDA 构成了 I^2C 总线,用于接收 MCU 的读写命令和数据。WP 引脚用于写保护,当该引脚拉高时，EEPROM 处于只读模式。A0~A2 引脚为 I^2C EEPROM 的设备地址，用于区分同一个总线上不同的 AT24C04M EEPROM 的地址（图 5-3-6）。

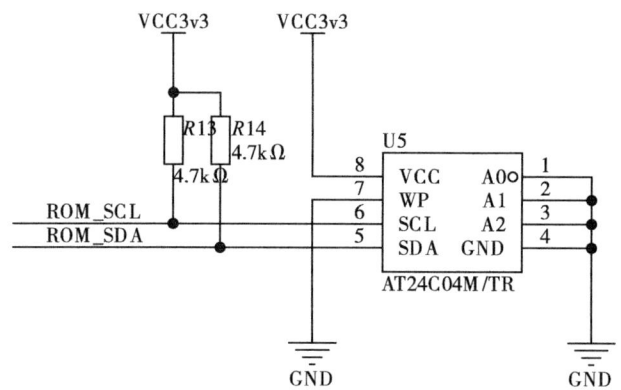

图 5-3-6　EEPROM 电路图

SP3485EN 是 RS-485/RS-422 收发接口芯片，用于高速差分数据通信。它的设计符合 TIA/EIA-485 和 TIA/EIA-422 标准，能够在多节点环境中实现可靠的数据传输。SP3485EN 以其低功耗、宽电压支持和高抗干扰能力，成为工业自动化、通信系统等领域的理想选择。图 5-3-7 为 SP3485EN 芯片的驱动电路，SP3485EN 结合 UART 外设的 TXD 和 RXD 引脚，外加一个读写切换IO 引脚，可以实现基于 RS-485 总线的半双工差分数据传输。在 Modbus-RTU 协议的基础上，可实现光照传感器的 Modbus 协议，使其与 PLC、工业 RTU 网

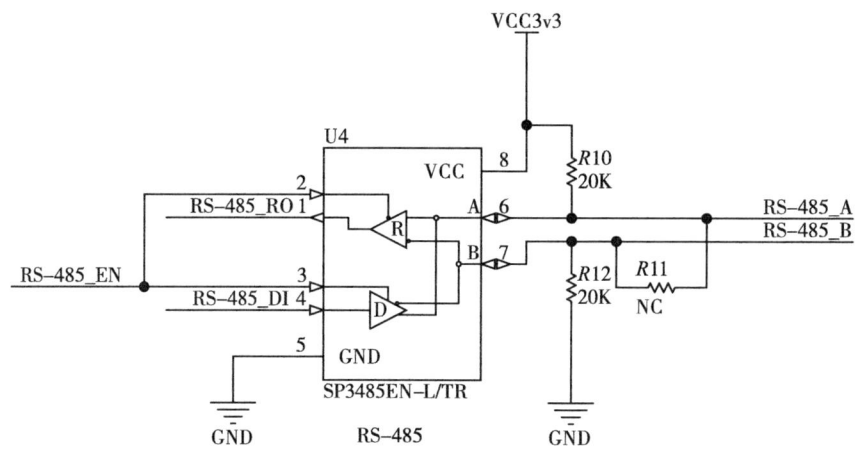

图 5-3-7　RS-485 接口电路图

关进行无缝对接。为了提高 RS-485 总线的 A、B 信号的质量，分别增加了上拉电阻和下拉电阻，增强了信号抗干扰能力。A、B 信号线之间的 120Ω 终端电阻可以大幅降低总线上多个设备之间的信号反射串扰，提升 RS-485 总线的通信质量。

（三）软件设计

1. STM32CubeMX 及 Keil MDK-ARM 工程创建与配置

STM32CubeMX 是一款图形化软件工具，主要用于配置和生成 STM32 微控制器的初始化代码。它是 STM32Cube 软件生态系统的重要组成部分，旨在简化 STM32 的开发过程，提高开发效率。通过图像化的方式配置 GPIO、USART、I2C、SPI 等外设的引脚及其详细参数，并在配置过程中提示冲突和优化建议，使用代码生成功能可自动生成 Keil MDK、IAR 等 IDE 开发环境的工程文件。大大简化了重复的工程创建、常用外设的初始化步骤，缩短了开发周期，提升了开发效率。

（1）主控 MCU 选择

根据本案例的设计框图，打开 STM32CubeMX 的 MCU selector 工具，如图 5-3-8 所示，并在 Commercial Part Number 中输入 STM32F407VGT6，同时在界面的右边双击 MCU 的 Part Number 或者在右上角点击 Start Project 按钮，即可创建 STM32CubeMX 工程。

图 5-3-8　STM32CubeMX MCU selector

（2）处理器时钟配置

在打开的 Pinout & Configuration 界面中居中展示了该 MCU 的引脚分布图。通过在 SYS 配置界面选择 Debug 的方式为 Serial Wire 模式后，引脚图显示占用了 PA13 和 PA14 两个引脚，用于程序下载和代码调试。

根据图 5-3-4 最小系统中关于外置晶振的电路设计，在 RCC 时钟配置界面中选择 HSE 和 LSE 为 Crystal/ceramic Resonator,此时 PC14、PC15 会被 LSE 时钟源占用,PH0 和 PH1 会被 HSE 时钟源占用,如图 5-3-9 所示。

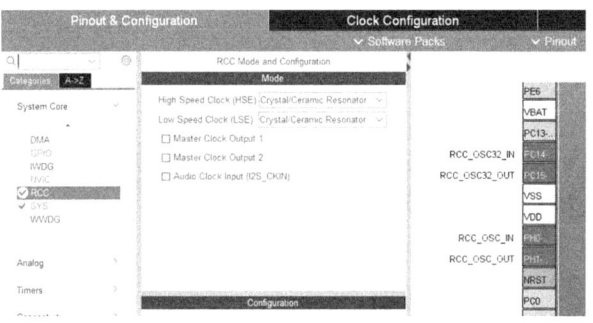

图 5-3-9　RCC 时钟选择

在配置完时钟源输入引脚后,在 Clock Configuration 界面配置处理器内核 SYSCLK 以及其他外设的时钟频率。如图 5-3-10 在 HSE 的 input frequency 中输入与最小系统设计中相同的晶振频率,根据 STM32 的设计参考手册配置 PLL 锁相环、时钟选择器等参数,最终根据应用需求配置合适的系统工作频率,此处设置为最高频率 168MHz。

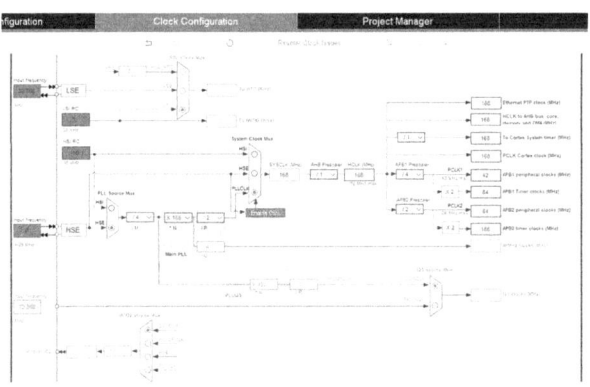

图 5-3-10　内核及外设时钟配置

(3) I^2C 总线配置

光照传感器 BH1750 和 EEPROM AT24C04M 都需要 I^2C 接口与 MCU 通信。而 STM32F407VGT6 中有 3 个 I^2C 接口,每个接口都支持独立配置及引脚重映射,都具备主机模式和从机模式、支持 7 位和 10 位地址,最高速率可达 1MHz,满足本案例对 I^2C 接口的功能需求。如图 5-3-11 所示,在 I^2C 模式中选 I²C 选项，默认工作在 Master 标准模式，时钟频率 100kHz。配置完成后，PB6 作为 I²C1 的 SCL 时钟引脚，PB7 作为 I²C1 的 SDA 数据引脚，内置的相关 I²C 控制寄存器、数据寄存器以及相关功能单元协调工作，可根据 API 的指令产生专业的起始条件、结束条件、ACK 和 NACK 等信号，并能准确将数据按照总线标准格式与传感器、EEPROM 进行高效交换。EEPROM 与 I²C2 接口相连，配置方法类似，这里不赘述。

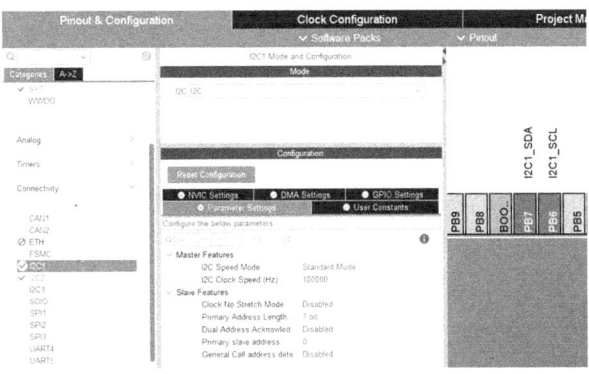

图 5-3-11　I²C 参数配置

（4）UART 接口配置

STM32F407VGT6 提供 4 个 USART（USART1、USART2、USART3 和 USART6）和 2 个 UART（UART4 和 UART5），总计 6 个串行接口。UART 是最通用的异步串行通信接口之一，支持从 1 200bps 到 4.5Mbps 的通信速率，具备 RTS/CTS（请求发送/清除发送）流控以防止数据丢失或溢出，可工作在轮询、中断、DMA 等多种模式下，实现灵活、高效的数据收发功能。如图 5-3-12 所示，一般只需将 UART 的模式配置成 Asynchronous 即可应对大多数场景，波特率默认使用 115 200bps，数据宽度一般设置为 8bit，停止位一般只需 1bit，无需奇偶校验。通过重写 fputc 函数可将标准输出函数 printf 的格式化输出映射到 UART 的 TXD 发送引脚，实现 UART 的格式化字符串输出。

UART 在接收数据时，一般应将接收模式配置成中断模式或者 DMA+IDLE 中断模式。这样避免轮询等待发送方的数据而导致 MCU 不能处理其他事务，降低 MCU 的指令处理效率。

（5）工程配置

在所有外设的参数配置完毕后，在 Project Manager 界面中对工程名、存储目录、Toolchain/IDE 以及堆栈地址进行配置，如图 5-3-13 所示。在点击

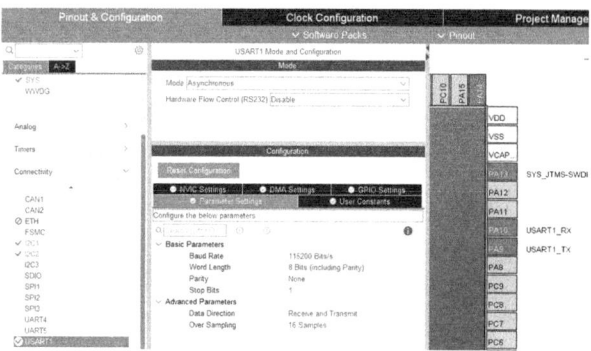

图 5-3-12　UART 参数配置

GENERATE CODE 按钮后，STM32CubeMX 会根据之前配置的外设模式、引脚功能、时钟配置等生成所选 IDE 的工程及初始化代码。此时的工程不包含任何用户逻辑和应用代码，需在此基础上根据光照传感器的功能需求完善代码的功能。

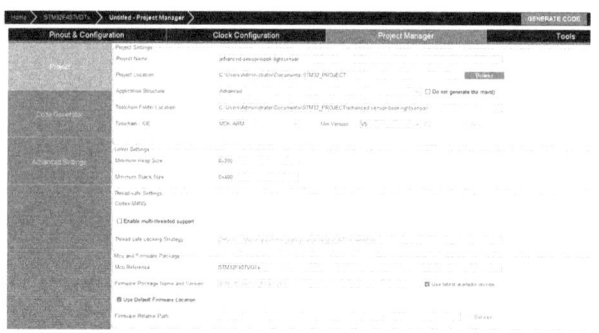

图 5-3-13　Project Manager 配置工程参数

2. BH1750 数据采集程序设计

BH1750 是一款采用 I^2C 通信的高精度数字环境光强传感器，其工作流程包括上电初始化、寄存器复位、传感器模式设置、光强数据读取等步骤。当 ADDR 引脚为低电平时，传感器的设备地址为 0x23，后续命令根据此地址操作 BH1750 传感器。传感器上电后，通过发送复位命令（0x07）复位传感器内部寄存器，使其恢复到初始值。为了得到较高精度的光照数据，将传感器的模式设置为高分辨率模式 2（H-Resolution Mode 2，0x11），在该模式下传感器转换一旦触发，转换工作一直持续进行。可通过读取光照传感器数据寄存器的值即可获得当前的光照值,在高分辨率模式2下传感器的分辨率为0.5lx。

根据BH1750的数据手册有关配置和控制命令的规定,定义了以下宏定义:

```
#define BH1750_ADDRESS        0x23    //BH1750 I2C 地址 ADDR 低电平
#define BH1750_CMD_POWER_ON   0x01    //传感器供电使能
#define BH1750_CMD_RESET      0x07                //重置传感器数据寄存器
#define BH1750_CMD_CONT_H_RES_MODE 0x11   //连续高分辨率模式2
```

根据BH1750数据手册编写BH1750_Init函数实现BH1750传感器的上电使能和复位操作,通过调用HAL_I2C_Master_Transmit函数将上电命令和复位命令经I²C总线发送给BH1750传感器,使其处于就绪状态,为后续的光照数据采集做好准备。

```
uint8_t BH1750_Init( void)
{
    uint8_t cmd = BH1750_CMD_POWER_ON;      //上电命令
    if( HAL_I2C_Master_Transmit( &hi2c1, BH1750_ADDRESS<<1, &cmd, 1, HAL_MAX_DELAY) ! = HAL_OK)
        return HAL_ERROR;
    HAL_Delay( 10) ;
    cmd = BH1750_CMD_RESET;                 //复位命令
    if( HAL_I2C_Master_Transmit( &hi2c1, BH1750_ADDRESS<<1, &cmd, 1, HAL_MAX_DELAY) ! = HAL_OK)
        return HAL_ERROR;
    HAL_Delay( 10) ;
    cmd = BH1750_CMD_CONT_H_RES_MODE;       //连续高分辨率模式2
    if( HAL_I2C_Master_Transmit( &hi2c1, BH1750_ADDRESS<<1, &cmd, 1, HAL_MAX_DELAY) ! = HAL_OK)
        return HAL_ERROR;
    return HAL_OK;
}
```

图 5-3-14 为执行上电命令时 SCL 和 SDA 的时序图，图 5-3-15 为执行复位命令时 SCL 和 SDA 的时序图，图 5-3-16 为配置连续高分辨率模式 2 命令时 SCL 和 SDA 的时序图。在每次设备寻址和命令发送后，BH1750 传感器都会发送 ACK 应答，表示命令执行成功。0x46 为 BH1750 地址左移一位得到（BH1750_ADDRESS<<1），LSB 最低位为 0 指示 I^2C 正在执行写操作。

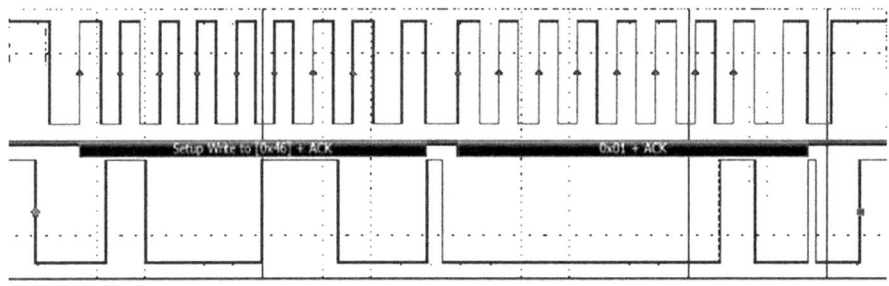

图 5-3-14　上电命令时序图

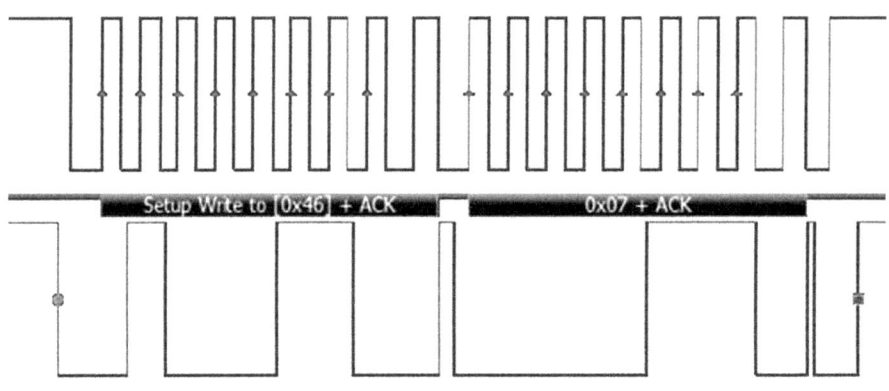

图 5-3-15　复位命令时序图

在执行完 BH1750_Init 函数后，BH1750 已经完成上电初始化，并将数据寄存器的值重置完毕，工作模式也调整为高分辨率连续转换模式，接下来只需读取 BH1750 的数据寄存器即可获得光照值。根据数据手册关于光照值的读取操作，编写 BH1750_ReadLight 函数，驱动 I^2C 总线读取 2byte 光照数据。HAL_I2C_Master_Receive 读取 2 个连续 8bit 数据，并将其拼接为 16bit 数据，最后除以 1.2 获得单位为 lx 的光照值。

第五章 感知系统——光照传感器设计

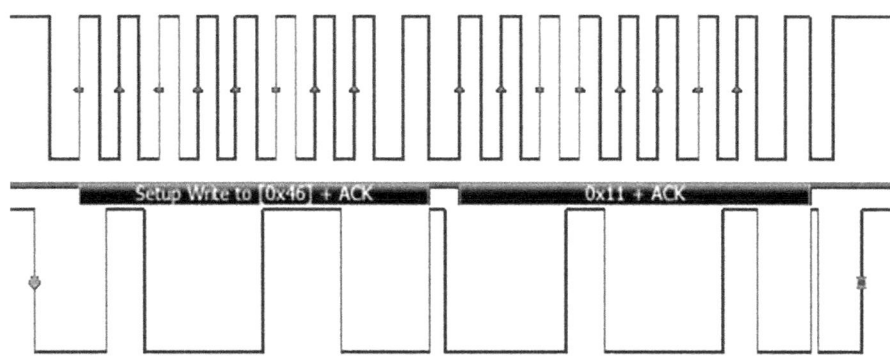

图 5-3-16　连续高分辨率模式 2 命令时序图

uint16_t BH1750_ReadLight(void)
{
　　uint8_tbuffer[2] ={0};
　　if(HAL_I2C_Master_Receive(&hi2c1, BH1750_ADDRESS<<1,
　　　　buffer, 2, HAL_MAX_DELAY)! = HAL_OK)　　　　//读取寄存器值
　　　　return0xFFFF;
　　uint16_t light =(buffer[0] <<8) | buffer[1];//拼接高 8 位和低 8 位
　　light = light /1. 2;　　　　　　　//换算光照值
　　returnlight;
}

　　图 5-3-17 为执行 BH1750_ReadLight 函数时 SCL 和 SDA 的时序图。0x47 为 BH1750 地址左移一位加 1 得到（BH1750_ADDRESS<<1 | 0x01）。LSB 为 1 指示接下来是读取寄存器操作，连续读取 2 个 byte，通过（buffer ［0］ << 8） | buffer ［1］ 将高 8 位和低 8 位拼接成 16 位光照值，最终除以 1.2 转换为光照度值。EEPROM 的读写时序和 BH1750 光照传感器类似，这里就不再赘述了。

　　在获得传感器光照值后，为了更好地展示光照传感器的测量结果，可使用 printf 将光照值格式化输出成日志、JSON 或者 CSV 等格式，方便后续数据记录和分析。由于 printf 在格式化输出时会调用 fputc，因此将 fputc 改写成利用 UART 发送传入的字符即可完成在 UART 上的格式化输出效果。

· 173 ·

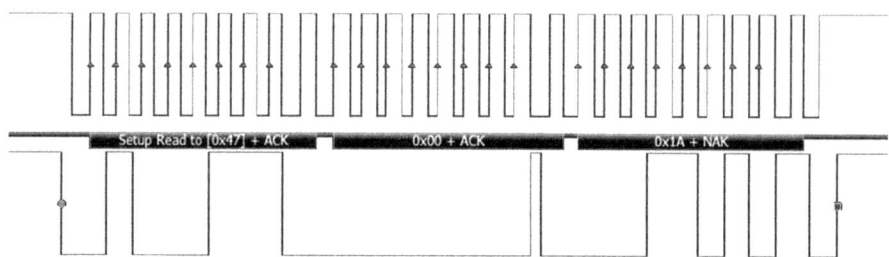

图 5-3-17　光照值读取时序图

intfputc(int ch, FILE ＊f)
{
　　HAL_UART_Transmit(&huart1, (uint8_t ＊) &ch, 1, HAL_MAX_DELAY) ;
　　returnch;
}

下面是 BH1750 初始化、数据采集与换算、格式化输出到 CSV 文件的主函数代码。可使用串口调试助手保存 UART 输出的 CSV 文本，通过 matplotlib. pyplot 库配合 python 相关文件操作和绘图函数绘制成如图 5-3-18 所示的光照传感器数值变化曲线。

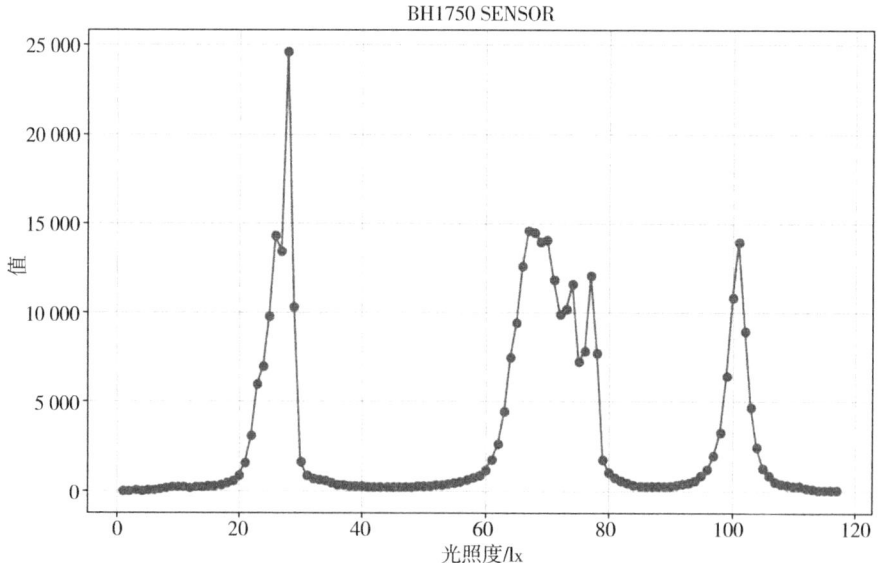

图 5-3-18　BH1750 光照曲线

```c
int main( void)
{
    /* USER CODE BEGIN 1 */
    static uint32_t data_idx = 0;
    uint16_t light_intensity = 0;
    /* USER CODE END 1 */
    /* MCUConfiguration----------------------------------
    ---------------------- */
    /* Reset of all peripherals, Initializes the Flash interface and the Systick. */
    HAL_Init();
    /* Configure the system clock */
    SystemClock_Config();
    /* Initialize all configured peripherals */
    MX_GPIO_Init();
    MX_I2C1_Init();
    MX_I2C2_Init();
    MX_USART1_UART_Init();
    MX_USART3_UART_Init();
    /* USER CODE BEGIN 2 */
  if( BH1750_Init()! = HAL_OK)
   {
     printf( "BH1750 初始化失败,请检查连接\r\n");
     while(1);
   }
  printf("IDX, LIGHT\r\n");      //CSV 文件表头
  /* USER CODE END 2 */
  /* Infinite loop */
  /* USER CODE BEGIN WHILE */
  while(1)
  {
    /* USER CODE END WHILE */
    /* USER CODE BEGIN 3 */
```

```
light_intensity=BH1750_ReadLight();
    data_idx ++;
if( light_intensity ! =0xFFFF)
{
    printf("%u,%u \ r \ n", data_idx, light_intensity);
}
else
{
    printf("光照值获取失败,请检查传感器连接 \ r \ n");
}
HAL_Delay(1000);//每秒读取一次
}
/ *  USER CODE END 3  * /
}
```

3. Modbus RTU 协议实现

Modbus 是一种开放的工业通信协议，主要用于工业自动化设备之间的数据通信。Modbus 因其简单性和高兼容性，被广泛应用于 PLC（可编程逻辑控制器）、传感器、仪表和监控系统之间的通信，在 DCS（分布式控制系统）中具有非常重要的地位。按照设计目标，本案例中的光照传感器也需实现 Modbus RTU 的相关功能，实现 PLC、网关等主机设备通过 Modbus 对光照数据的获取。

Modbus 采用主从架构，通信中包含一个主设备（Master）和一个或多个从设备（Slave），其中只有主机有权发起通信请求，从设备只是被动应答主设备发出的请求。Modbus RTU 采用二进制数据格式传输，相较于 Modbus ASCII 等协议传输效率更高，抗干扰性能更好。Modbus RTU 的数据格式包含从设备地址、功能码、数据段、校验码四个部分。从设备地址占用 1 个字节，用于标识总线上的从设备，寻址范围从 1~247。功能码占用 1 个字节，常见的功能码详见表 5-3-1，协议用以指示当前会话的意图。

表 5-3-1 Modbus RTU 常见功能码

功能码	功能描述	备注
0x01	读线圈状态	读取多个线圈（开关）状态
0x02	读离散输入状态	读取多个离散输入状态

第五章　感知系统——光照传感器设计

（续表）

功能码	功能描述	备注
0x03	读保持寄存器	读取多个保持寄存器的数据
0x04	读输入寄存器	读取多个输入寄存器的数据
0x05	写单个线圈	修改一个线圈状态（开关）
0x06	写单个保持寄存器	修改一个保持寄存器的数据
0x0F	写多个线圈	修改多个线圈状态
0x10	写多个保持寄存器	修改多个保持寄存器的数据

Modbus RTU 使用 CRC16 算法校验整帧数据，确保整个帧在传输过程中的完整性。在计算校验时，将校验值初始化为 0xFFFF，之后对帧中每个字节按位异或，每次向右移位 1 位并在 LSB 为 1 时用校验值与 0xA001 进行异或运算，重复这种操作直到最后一个字节。CRC16 具体实现代码如下：

```
uint16_t Modbus_CRC16( uint8_t * buffer, uint16_t length)
{
    uint16_t crc = 0xFFFF;       //初始值为 0xFFFF
    for( uint16_t i = 0; i<length; i++) {
        crc ^= buffer[ i];       //将数据字节与 CRC 的低字节进行异或
        for( uint8_t j = 0; j<8; j++) {
            if( crc & 0x0001) {
                crc>>= 1;         //右移一位
                crc ^= 0xA001;   //如果最低位为 1, 异或多项式 0xA001
            } else {
                crc>>= 1;         //右移一位
            }
        }
    }
    return crc;                   //返回最终的 CRC 值
}
```

按照 Modbus RTU 协议对功能码的定义，传感器的数据传输应使用 0x03 功能码。假设光照传感器在 Modbus 总线的设备地址为 0x01，光照度值被存放在地址为 0x0000 开始的 2 个 Byte 中，则主机应向光照传感器发送二进制帧：

01 03 00 00 00 02 C4 0B，每个数据段的含义详见表 5-3-2，注意 CRC16 校验结果在帧尾按照低 8 位在前，高 8 位在后排列。

表 5-3-2　主机数据请求帧

传感器地址	功能描述	光照值地址	数据长度	CRC16 校验
01	03	00 00	00 02	C4 0B

光照传感器收到主机的数据请求后按照 Modbus 应答帧将光照值返回给主机，假设此时光照值为 4 660（0x1234），传感器应发送：01 03 04 00 00 12 34 F7 44，每个数据段的含义详见表 5-3-3，注意 CRC16 校验结果在帧尾按照低 8 位在前，高 8 位在后排列。

表 5-3-3　传感器应答帧

传感器地址	功能码	数据长度	高 16 位	低 16 位	CRC16 校验
01	03	04	00 00	12 34	F7 44

依照以上 Modbus RTU 应答帧设计光照传感器的应答发送函数，代码如下：

```c
void Modbus_lightintensity_ACK(uint8_t slave_address, uint8_t function_code, uint32_t register_value)
{
uint8_t ack_frame[] = {0x01, 0x03, 0x04, 0x00, 0x00, 0x12, 0x34, 0xF7, 0x44};
uint16_t crc_checksum = 0;
ack_frame[0] = slave_address;                        //从机地址
ack_frame[1] = function_code;                        //功能码
ack_frame[2] = 4;                                    //数据字节数(两个寄存器)
ack_frame[3] = (register_value>>24) & 0xFF;          //数据高 8 位
ack_frame[4] = (register_value>>16) & 0xFF;          //数据次高 8 位
ack_frame[5] = (register_value>>8) & 0xFF;           //数据次低 8 位
ack_frame[6] = register_value & 0xFF;                //数据低 8 位

crc_checksum = Modbus_CRC16(ack_frame, sizeof(ack_frame) -2);
```

第五章 感知系统——光照传感器设计

```
//计算CRC16校验值，不包含最后的2个字节
ack_frame[7] = crc_checksum & 0xFF;         //CRC低字节
ack_frame[8] = (crc_checksum>>8) & 0xFF;    //CRC高字节

HAL_UART_Transmit(&huart3, ack_frame, sizeof(ack_frame), 200); //发送应答帧
}
```

由于主机会随机向从设备发送固定长度的数据请求命令，因此光照传感器作为从设备应使用中断模式接收来自主机的请求帧，并在其中断回调函数中调用 Modbus_lightintensity_ACK 函数将当前光照值按照 Modbus RTU 的应答帧发送给主机。

重新打开 STM32CubeMX，打开 Modbus 关联的 UART3，在 NVIC settings 一栏勾选 UART3 全局中断的使能复选框，可根据实际需求修改占先优先级和亚优先级，最后重新生成初始化代码（图 5-3-19）。

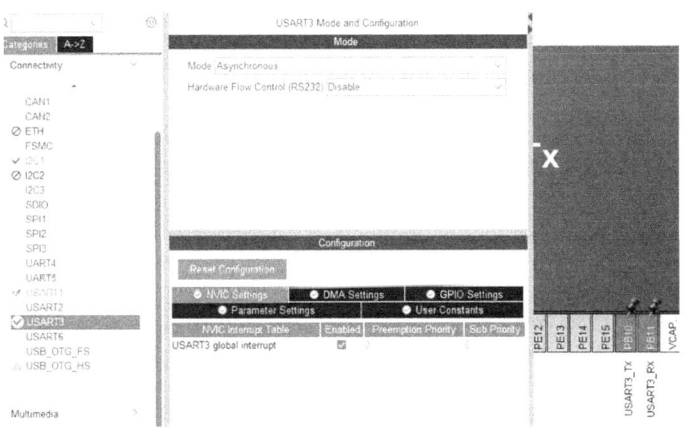

图 5-3-19　使能 UART 中断

通过调用 HAL_UART_Receive_IT（&huart3，uart3_rx_buf，sizeof（uart3_rx_buf））函数启动 Modbus RTU 关联 UART3 端口的中断接收模式，并按照下面代码实现接收后的中断回调函数以及异常处理回调函数：

```
void HAL_UART_RxCpltCallback(UART_HandleTypeDef * huart)
```

```
{
uint16_tcrc_check=0XFF;
if( huart->Instance==USART3) {

    HAL_UART_Receive_IT( &huart3, uart3_rx_buf, sizeof( uart3_rx_buf));//启动下次接收
  crc_check=Modbus_CRC16( uart3_rx_buf, sizeof( uart3_rx_buf));//CRC 校验
  if( crc_check==0 && uart3_rx_buf[0]==MODBUS_ADDR && uart3_rx_buf[1]==0x03) {
    Modbus_lightintensity_ACK( MODBUS_ADDR, 0x03, light_intensity);//发送光照 modbus ACK


    }
  }
}


voidHAL_UART_ErrorCallback( UART_HandleTypeDef *huart) {
  if( huart->Instance==USART3) {
    HAL_UART_Receive_IT( &huart3, uart3_rx_buf, sizeof( uart3_rx_buf));//启动下次接收

  }
}
```

当接收到主机发送的数据请求帧后,通过中断服务程序最终调用 HAL_UART_RxCpltCallback 接收完成回调函数,在此函数内对收到的请求帧计算 CRC 校验当校验通过且设备地址和功能码都无误后,通过 Modbus_lightintensity_ACK 向主机发送光照度值应答帧,完成整个数据轮询会话。当接收过程中由于干扰、卡顿等问题导致的错误,最终 HAL_UART_ErrorCallback 错误处理回调函数会被调用,在这里重新启动下次中断接收。

通过使用 modbus poll 模拟主机的请求动作,接收并解析光照传感器的应答数据并显示(图 5-3-20)。实验证明本案例利用 BH1750 作为光照敏感元件,通过 I^2C 总线采集光照值,并通过 Modbus RTU 协议将光照度值发送给 Modbus 主机,满足业内光照传感器的性能指标,具有一定的实用价值,可在农业、工业等气象监测领域应用部署。完整项目代码请访问 gitee 仓库获取:

第五章 感知系统——光照传感器设计

https：//gitee.com/andywangxj/advanced-sensor-book-lightsensor。

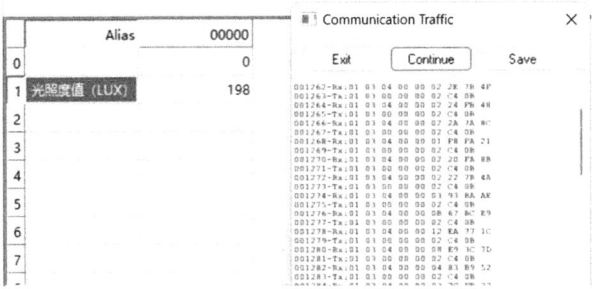

图 5-3-20　modbus poll 工具数据请求结果

第六章 农业小气候感知系统网关设计

一、引言

农业生产与自然环境息息相关,气象环境的变化直接影响着作物的农事决策、作物长势、病虫灾害以及最终的产量。近年来,随着智慧农业的不断发展,农业生产逐渐向数字化、智能化方向演进,依靠主观经验的传统生产方式已经不能满足现代农业高效、精准的客观需求。农业信息化通过引入现代信息技术,如物联网、大数据、云计算、人工智能等,极大地提升了农业生产的精准度和管理效率。其核心是通过实时监测和数据分析,精确了解农田内的各种条件,进而实现资源的最优化配置,以提升作物产量、质量并降低生产成本。通过这些技术的应用,农业信息化不仅帮助农民实现了精准农业管理,还提升了农业生产的可持续性和抗风险能力。最终,信息化的农业生产系统能够有效提升农业资源的利用效率,减少人力、物力和财力的浪费,从而增加农业产值和农民收入,推动农业生产朝着智能、绿色和可持续发展的方向迈进。

农业气象数据作为农业信息化的重要支撑,能够帮助农民实时掌握田间气候变化,如温度、湿度、降水量、风速、光照等关键气象因素。然而,大空间尺度的气象监测主要依赖于气象站和卫星数据,这些数据的采集通常是在较大的区域内进行,不能直接反映局部农田的微观气候变化。

农业小气候感知系统是在具体的农业生产环境中部署,能够精确反映农田内的温度、空气湿度、土壤湿度、光照等变化,提供更为细致的气候数据。结合大尺度气象预报以及高空间分辨率的小气候感知系统数据,可以帮助农民有针对性地进行农事决策管理。因此,如何实时、精确地感知农业小气候变化,并根据气候数据做出有效的决策,已成为推动现代农业发展的关键因素之一。

本章重点阐述如何通过嵌入式技术将各类气象传感器数据进行采集、校验、存储、上报,完成农业小气候感知系统数据采集网关的全部功能,实现空气温湿度、土壤温湿度、风速风向、光照强度等传感器的采集与上报、数据打包与传输、云端平台的链接与保活、数据招测与控制等,最终设计出符合行业标准的农业小气候感知系统，为农业信息化和精准农业提供关键支撑作用，为现代农业的科学决策提供数据保障。

二、农业小气候感知系统设计方案

农业小气候感知系统中的控制网关是关键核心装备，北向连接云端平台以对接丰富的应用服务，南向连接感知层的各类气象传感器和执行器，确保数据的采集、传输及执行的实时性、稳定性和准确性。

农业小气候感知系统网关功能框图如图6-2-1所示，最底层的POWER SUPPLY & Battery Management System 功能模块为整个系统提供稳定电源供应，能够将最高28V的直流输入电源通过一路DC-DC转换器降压到12V，给各个气象传感器、电池充电模块供电，通过另一路DC-DC转换器降压到5V为4G通信模组、LoRa通信模组、HMI触摸屏供电，通过LDO线性稳压器将5V降

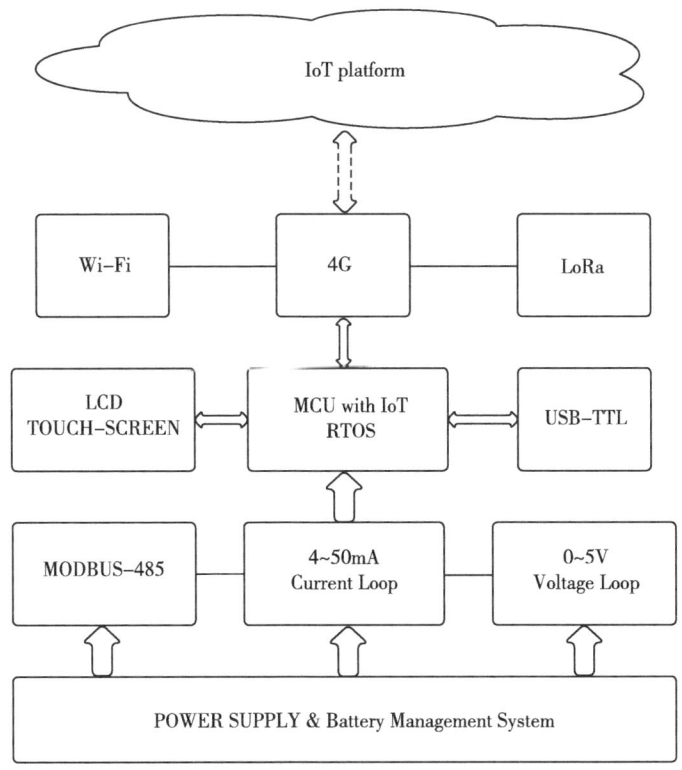

图6-2-1 农业小气候感知系统网关功能框图

低至 3.3V 为主控 MCU、Wi-Fi 模组、Modbus 总线、模拟传感器接口电路供电，结合低通滤波电路使得整个系统各个功能模块能够获得稳定足额的电源供应。

MODBUS-485 与 4~20mA 以及 0~5V 模拟接口实现传感器数据采集电路，兼容大多数气象传感器通信接口和协议，这三个功能模块组成了整个系统的感知层，为气象数据的获取提供支持。

LCD Touch-Screen 为 HMI 触摸屏交互功能模块，用于显示网关当前收集到的各类传感器数据、执行器控制按钮、系统配置菜单等信息，可实时展示系统当前的状态信息，方便现场运维、调试工作。USB-TTL 功能模块实现 PC 机与网关的 USB 接口连接，通过 Read-Eval-Print Loop（REPL）风格的交互方式，可在命令行界面获取当前系统的线程运行、设备占用、网络连接等信息，也可以通过脚本调用相关功能代码，获取现场真实运行环境的状态。

Wi-Fi/4G/LoRa 构成农业小气候感知系统的网络层，负责与云端物联网平台的连接与数据交换，可通过 SPI、UART 等接口与主控 MCU 连接，将感知层收集到的传感器数据打包上传至云端物联网平台，进而对数据进行存储、展示、可视化，为农业信息化提供数据支持。

农业小气候感知系统网关的功能丰富，需要处理的事务较多，因此本设计采用 STM32F407VGTx 作为主控 MCU。该 MCU 内核为 ARM Cortex-M4，主频高达 168MHz，具备硬件浮点单元（FPU）支持，可进行高效的数学运算，适合数字信号处理（DSP）任务，是一款功能强大、灵活性高且高性能的 MCU，能够满足本设计对算力、外设接口功能的需求。为了充分发挥 MCU 的性能，提高网关的实时性能，本设计搭载国产物联网实时操作系统 RT-Thread，实现 JSON 数据打包、MQTT 通信协议、Modbus RTU 协议，完成了感知层传感器数据的实时采集以及中国移动物联网开放平台 OneNET 的接入与数据交互。依托 RT-Thread 实时操作系统的多线程高并发性能，实现数据采集、数据解析、数据上报、控制下发等功能的并行、高效、实时处理，大大提升了网关的性能。

三、农业小气候感知系统网关设计

根据农业小气候感知系统设计方案，系统分为硬件设计与软件设计两部分。硬件设计部分采用自顶向下的设计模式，逐步细化每个功能模块的电路细节。软件设计依托实时操作系统的多任务调度机制和 IPC 线程间通信机制，采用模块化设计思路逐步完成各个设备驱动、软件功能、事件处理，最终实现农业小气候感知系统网关的数据采集、上报、招测、控制等功能，对田间作物小气候进行持续、稳定、可靠的数据采集。

（一）网关硬件设计

1. 网关顶层原理图设计

网关顶层原理图如图 6-3-1 所示，通过使用原理图符号（Sheet Symbol）从顶层对网关各个功能模块进行描述。核心控制单元为 STM32F407VGTx 最小系统原理图符号，通过 Signal Harness 与各个功能模块连接。U_Power 原理图符号代表了电源相关原理图，通过 DC-DC 转换器以及 LDO 线性稳压器将电源输入转换至各个功能电路所需的电压范围，经过分压电路以及 ADC 模数转换电路对输入电压、电池电压进行测量，实时掌握当前电源状态。

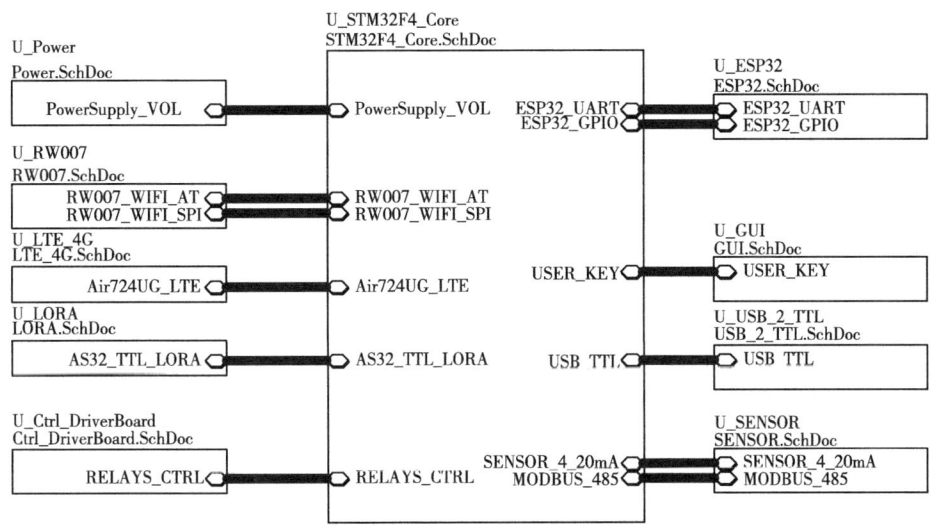

图 6-3-1 网关顶层原理图

U_RW007 原理图符号为高速 Wi-Fi 模组 rw007 的驱动电路，通过 UART 以及 SPI 接口实现 AT 指令和 SPI 高速数据传输。U_LTE_4G 原理图符号为 4G 通信模组的驱动电路，与主控 MCU 通过 UART 相连，可通过 AT 指令实现蜂窝移动通信，连接云端物联网平台。U_LORA 原理图符号为 AS32-TTL LoRa 通信模组的驱动电路，实现基于 LoRa 的远距离无线传输。U_Ctrl_DriverBoard 原理图符号为隔离继电器驱动电路，实现继电器控制功能，为执行器的控制提供支持。U_ESP32 为 ESP32 Wi-Fi 通信模组的驱动电路，可实现 Wi-Fi 通信和基于 ESPAsyncWebServer 的本地无线 Wi-Fi Web 服务，实现断网情况下的无线控制。U_GUI 原理图符号为按键输入相关电路，实现用户物理按键的控制输入功能。U_USB_2_TTL 原理图符号为 USB 转 COM 口驱动电路，实现 PC 端与网关的串口连接，实现命令行控制以及 LOG 日志查看等功能。U_SENSOR 原理图符号内实现了 RS-485 接口电路以及 4~20mA 模拟传感器接口，实现各类传感器变送器的数据采集电路。

2. 网关电源原理图设计

网关电源原理图如图 6-3-2 所示，P1 为电源输入接口，在电源正极主回路上串联 D1 二极管，利用二极管单相导通功能实现直流电源的防止反接功能。M1 和 M3 为基于 LM2596 的 DC-DC buck 降压模块，实现宽电压输入、高效率降压功能，分别为系统提供 12V 和 5V 供电。AMS1117_3.3 将电池的输出电压降低至 3.3V 为 MCU、Wi-Fi 等功能单元供电。

在各个降压电路的输入和输出两侧都添加了电容，用以降低高频干扰。在每个电压输出节点都增加了 LED 指示，在供电正常情况下发光以提示当前供电电压状态。

图 6-3-3 的 M2 为 TP5100 锂电池充电电路，其输入电压为 12V，在电源上电后为 8.4V 锂电池组充电。TP5100 能够将锂电池充电控制器和升压转换器整合在一起，简化了系统设计，减少了外围元件的数量，在其内部集成了过充保护、过流保护、短路保护以及温度监控等多重安全保护措施，能够有效防止因充电异常引起的安全问题，延长电池使用寿命，确保充电过程安全可靠。两组串联分压电路将 12V 和 8.4V 降至 ADC 可测量范围内，配合 BAT54S 限压二极管实现板载供电电压和锂电池电压的持续监测。

3. 网关传感器采集电路设计

传感器采集电路如图 6-3-4 所示，通过 1kΩ 电阻将 4~20mA 电流信号转换为电压信号，经过 BAT54S 二极管电压保护电路输入到主控 MCU 的 ADC 采集引脚，实现对模拟电流接口的传感器以及变送器的数据采集。图 6-3-4 中的 M5 为基于 MAX13487 芯片的 RS-485 接口模组，MAX13487 接口芯片是一款高集成度、低功耗的电平转换器，专为实现不同电压域间的数字信号传输而设计。该芯片支持双向数据传输，并具备自动方向感应功能，可根据实际信号流向自动切换工作模式，从而大幅简化系统设计和电路布局。其低延时和高速传输特性保证了数据在转换过程中的稳定性和准确性，同时内置的静电放电（ESD）保护电路也提升了整体系统的抗干扰能力和可靠性。MAX13487 与

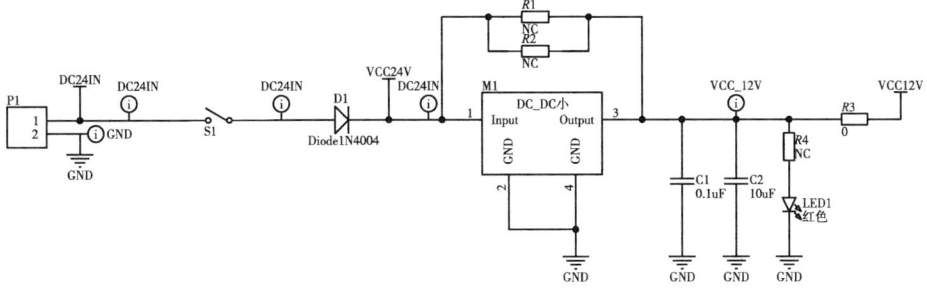

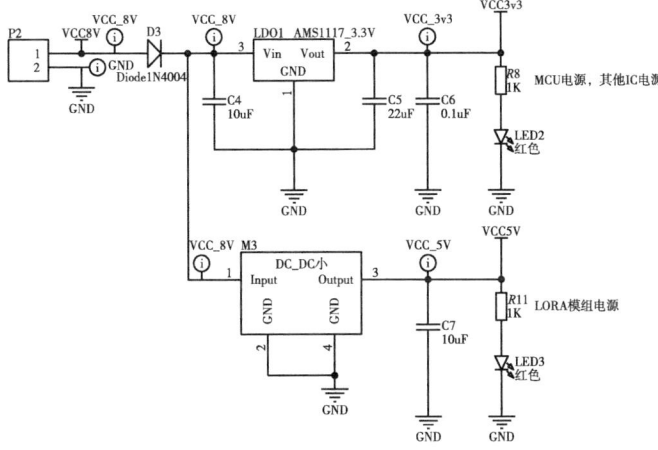

图 6-3-2　网关电源原理图

RS-485 接口的气象传感器构成 485 总线，仅仅需要 4 芯双绞线即可完成 2km 范围内的传感器连接，通过 Modbus RTU 协议实现各个气象传感器数据的轮询采集。

4. 网关控制器最小系统原理图设计

网关 MCU 最小系统电路如图 6-3-5 所示，实现了以 STM32F407VGTx 为中心的数据采集、执行器控制、通信接口、NVM 数据存储、HMI 交互接口等功能。通过 Signal harness 将其他外设功能模块对应的引脚和信号连接，简化了信号连接方式。Flash 采用 W25Q64 存储芯片，通过 SPI 接口与之相连，实现配置参数的永久存储。通过 UART 接口与 HMI 触摸屏相连，实现本地数据展示与参数配置功能。

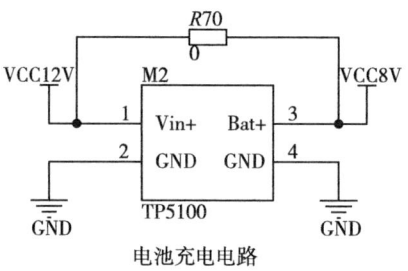

电池充电电路

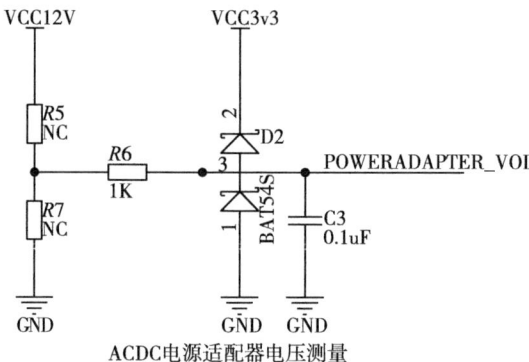

ACDC电源适配器电压测量

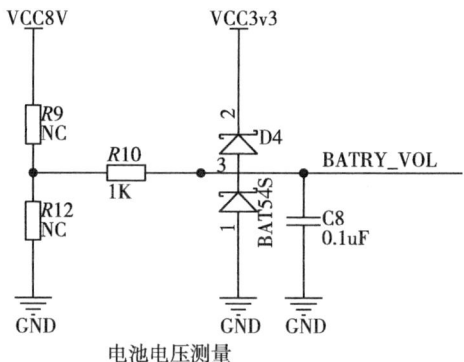

电池电压测量

图 6-3-3 网关电池充电及测量原理图

5. 网关 USB 转串口原理图设计

网关 USB 转串口电路原理如图 6-3-6 所示，USB 接口采用 TYPE C 接口可与大多数电脑适配。串口转换芯片使用 CH340E，该芯片是一款 USB 转串口芯片，能将 USB 信号转换为 TTL/RS232 电平，支持多种波特率，且兼容 3.3V 和 5V 逻辑电平，兼容各类单片机和模块。CH340E 具备即插即用的特性，简

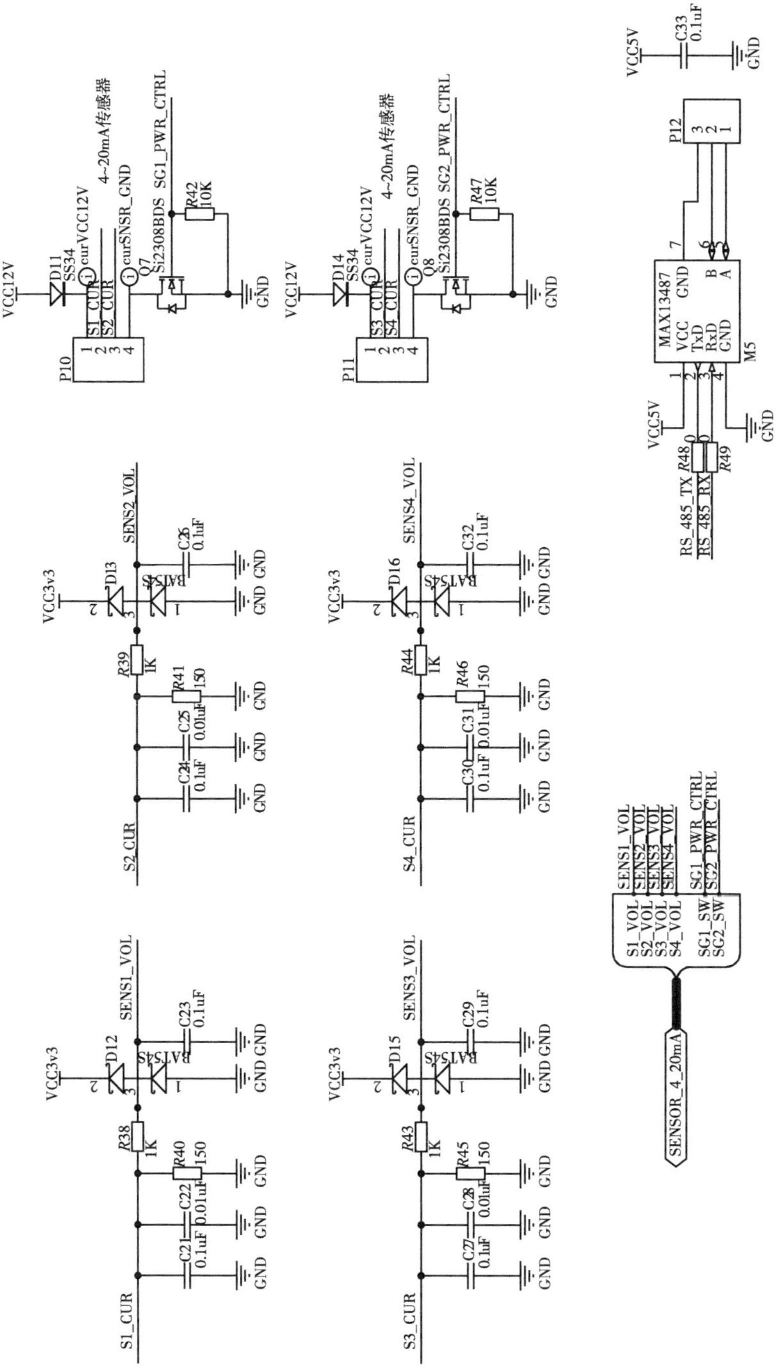

第六章 农业小气候感知系统网关设计

图6-3-4 网关传感器模拟输入及RS-485接口电路原理图

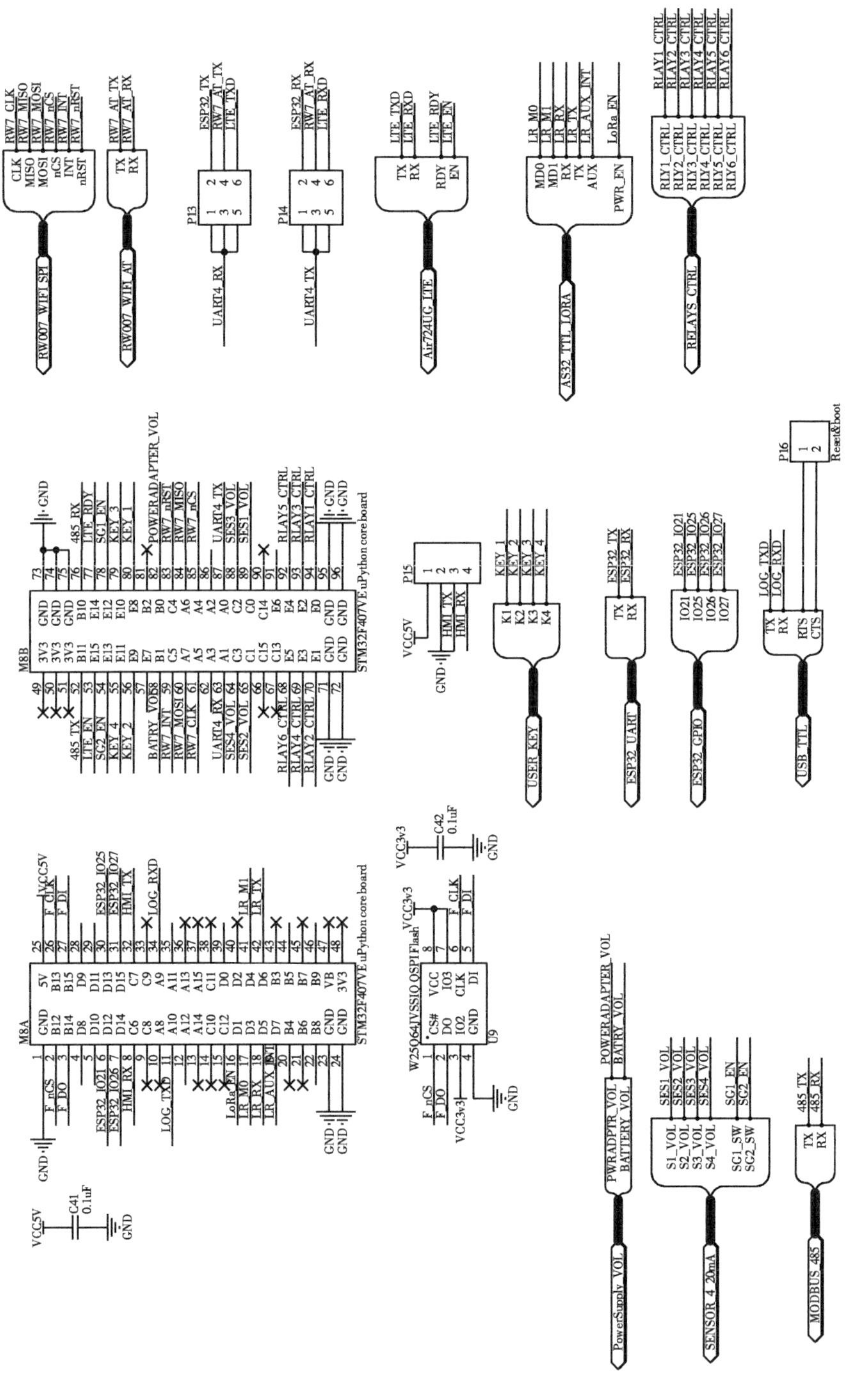

图6-3-5 网关MCU最小系统电路原理图

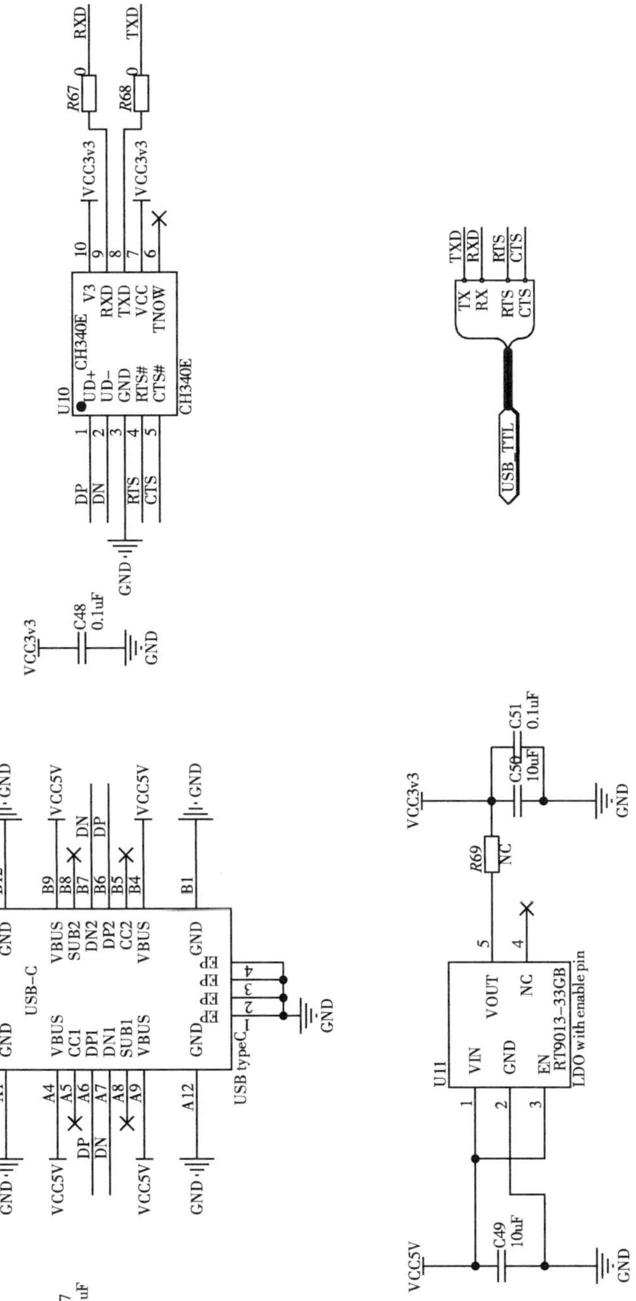

第六章 农业小气候感知系统网关设计

图6-3-6 网关USB转串口电路原理图

化了硬件设计和软件配置。U11 将 5V 转换为 3.3V 后为 CH340E 供电，通过独立供电实现接口芯片的稳定可靠运行。PC 端可通过 CH340E 转换芯片与网关主板相连，实现基于 COM 口的命令交互界面，通过 rt-thread 的 msh 终端可以查看当前系统各个线程的堆栈使用情况、设备列表、网络连接等状态，同时也可以对日志进行过滤分析，提升系统运维效率。

6. 网关 Wi-Fi 通信原理图设计

RW007 是高速 Wi-Fi 模块，使用 SPI 与主机通信，是一款高集成度、低功耗的无线通信解决方案，专为物联网和智能设备设计。该模组支持主流的 2.4GHz Wi-Fi 标准，兼容 802.11b/g/n 协议，内置完整的 TCP/IP 协议栈，能够实现快速、稳定的数据传输和网络连接，SPI 模式下有效以太网带宽高达 1MBytes/s，同时支持 STA+AP 模式，支持网络快速回连，内置 Bootloader，支持 OTA 固件升级、安全固件功能，方便后期维护和产品升级。图 6-3-7 为

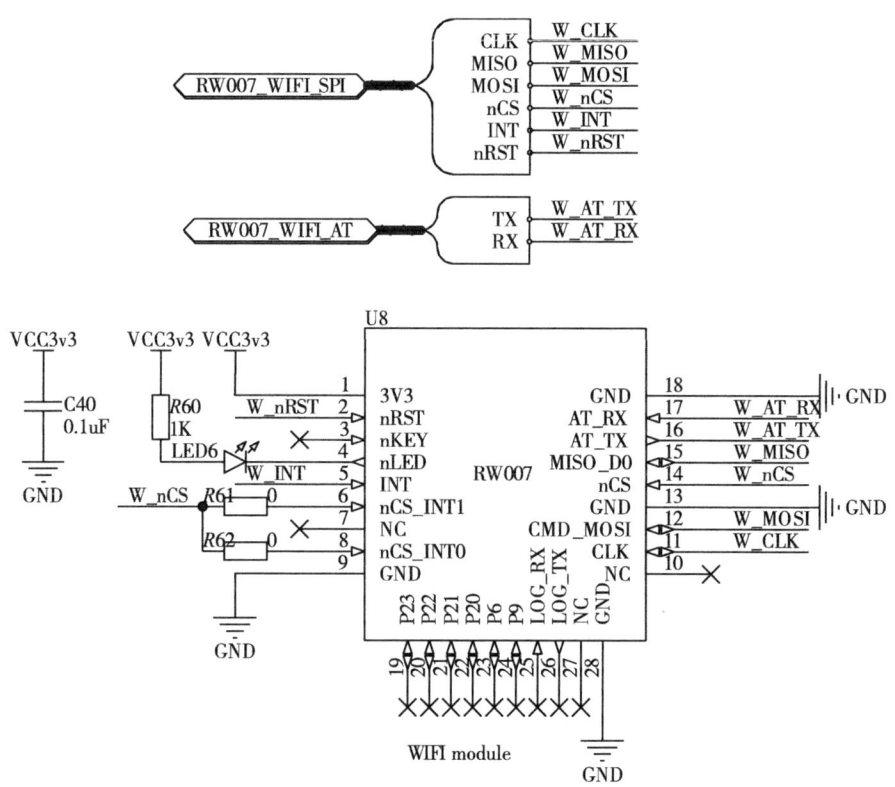

图 6-3-7　RW007 Wi-Fi 模组原理图

RW007 驱动电路原理图，同时引出了 AT 指令接口和 SPI 接口，并根据 RW007 的使用说明对状态指示、工作模式、复位引脚、数据总线进行了配置，最后通过 Signal Harness 与网关主 MCU 进行连接，实现高速、稳定、可靠的 Wi-Fi 连接。

7. 网关 4G 通信原理图设计

Air724UG 是一款高集成度、低功耗的蜂窝通信模组，支持 4G LTE Cat 1 网络，兼容 2G（GPRS）回落，提供稳定的无线连接和广覆盖能力。该模组内置 TCP/IP 协议栈，支持 MQTT、HTTP、HTTPS 等多种网络协议，适用于物联网（IoT）和 M2M 设备的数据传输需求。Air724UG 具备丰富的接口（UART、I2C、SPI、ADC 等），兼容主流 MCU，便于嵌入式系统集成。该模块可通过传统的 AT 指令或者 Luat OS 脚本二次开发，具备 OTA 远程升级能力，大大降低了运维成本。图 6-3-8 是基于 Air724UG 的 4G 通信模组原理图，模组供电采用 5V，与主控 MCU 连接的接口采用 UART 接口。为了进一步降低功耗，使用 Q9 NMOS 对模组使能引脚进行控制，可实现空闲状态下 4G 模组的休眠控制。

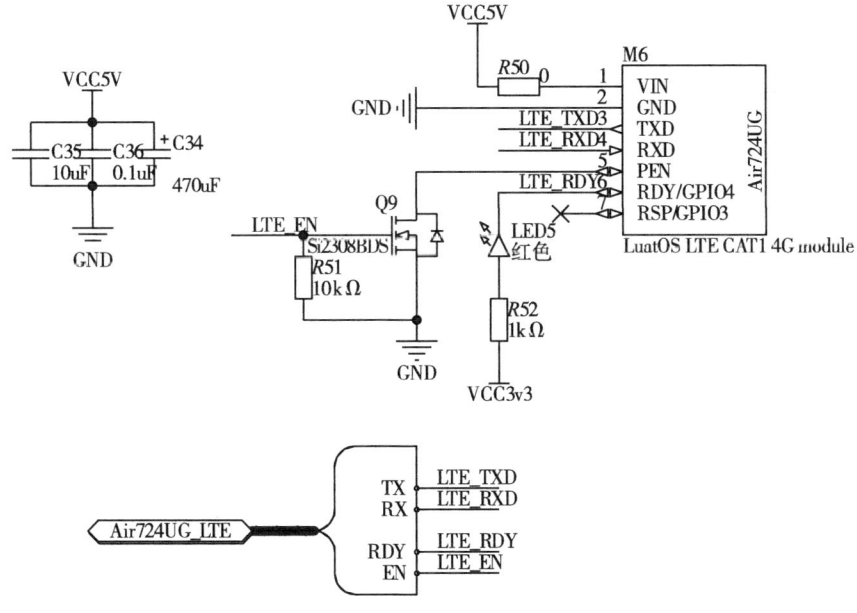

图 6-3-8　网关 4G 通信模组原理图

8. 网关 LoRa 通信原理图设计

AS32-TTL-1W 是一款高性能、远距离的 LoRa 无线通信模块，基于 Semtech SX1278 射频芯片，采用先进的 LoRa 调制技术，实现低功耗、长距离、高抗干扰的无线数据传输。该模组在 410~441MHz 频段工作，最大输出功率可达 1W（30dBm），支持点对点、广播、Mesh 组网等多种通信模式，适用于远距离无线传输应用。AS32-TTL-1W 具有 UART 接口，兼容主流 MCU 及嵌入式设备，简化了二次开发。其 FEC（前向纠错）机制可有效提高通信可靠性，即使在复杂环境中仍能稳定传输数据。图 6-3-9 为网关 LoRa 通信模组原理图，AS32-TTL-1W 与主控 MCU 通过 UART 接口相连，R53 和 R54 组成 M0 和 M1 引脚的上拉电阻，通过控制 M0 和 M1 的引脚电平可调整 LoRa 模组的工作方式。为了降低功耗，Q11 NMOS 用于控制整个模组的供电状态，可在空闲状态下关断 LoRa 模组的供电实现降低功耗的效果。Q10 NMOS 实现了模组 INT 电平的反转，用于在低功耗模式下唤醒正在休眠的主控 MCU，实现数据低功耗接收功能。

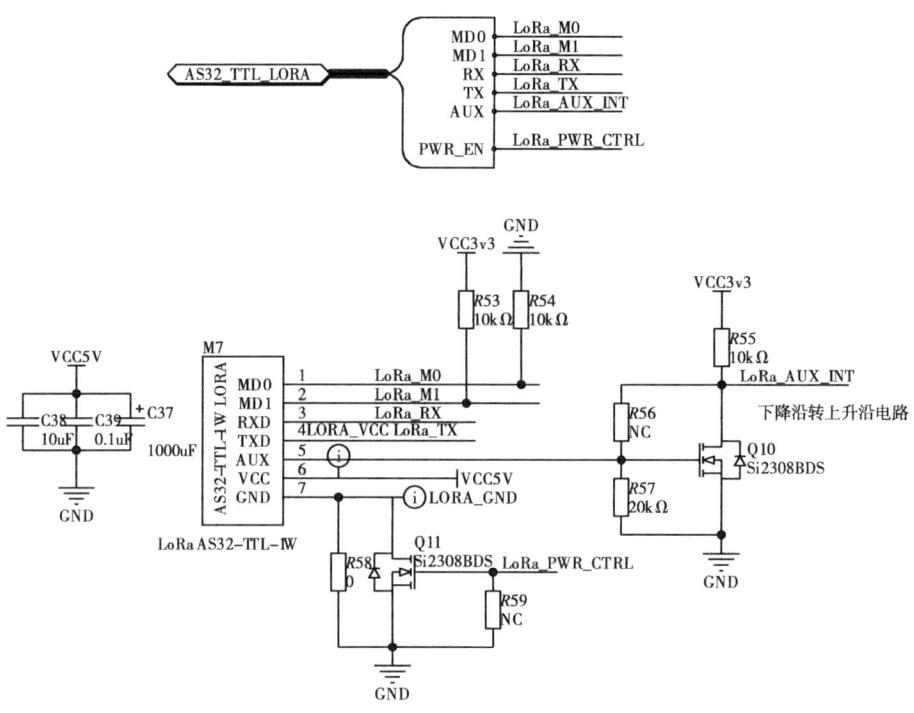

图 6-3-9 网关 LoRa 通信模组原理图

第六章　农业小气候感知系统网关设计

（二）网关软件设计

农业小气候感知系统网关软件设计是整个系统的灵魂，负责感知层各类传感器的数据采集与处理、GUI 界面的数据展示与交互、网络层各个通信模组的驱动以及云端 IoT 平台的对接等功能。根据系统的功能设计需求，软件需处理大量并发事务，要能够及时处理各种优先级的事件请求，兼容各种物联网协议的解析与处理，这对软件的设计架构提出了较高的要求。

RT-Thread 是国产开源嵌入式实时操作系统，采用微内核架构，内核精简且高效，具备快速任务切换、低中断延迟的特性，能够满足对实时性要求极高的嵌入式系统；具备多任务管理，支持优先级调度、时间片调度，保证不同任务高效执行；具有完备的物联网协议栈支持，提供各类主流 IoT 云平台连接能力。图 6-3-10 为 RT-Thread 软件框架，相较于 FreeRTOS、uC/OS 等实时操作系统的显著特点，它不仅包含了高效的任务调度内核，还具备了丰富的中间层组件以及丰富的软件生态包。分层设计和模块化设计理念一以贯之，内核层利用面向对象的编程思维设计，实现了多线程抢占式调度、专业的 IPC 通信机制、稳定的内存管理以及定时器功能。中间组件与服务层集成了命令行交互、网络框架、设备框架、日志系统等，各个组件高内聚低耦合易于集成和扩展。软件生态包提供了开放的软件包管理平台，提供了大量开箱即用的开源类库，这些给物联网相关的软件设计工作带来了较大便利。农业小气候感知系统网关软件设计充分借鉴和吸收了 RT-Thread 实时操作系统的设计理念，并在此基础上实现了气象站的高效、精准采集以及高并发的事务处理、低延时数据流推送与控制命令响应。

1. RT-Thread 项目创建与初始化

在 RT-Thread 官网下载并安装 RT-Thread Studio IDE 软件，按照图 6-3-11 所示创建 RT-Thread 项目，填写项目名称、RTOS 版本、主控芯片型号以及调试器类型。若主控器系列一栏没有目标 MCU 的型号，需按照图 6-3-12 安装对应型号的 SDK 支持包。最后点击完成按钮，完成工程创建以及操作系统内核文件、驱动、中间件的拷贝，此时打开项目目录可以看到 RT-Thread 内核目录、外设驱动目录、中间件等目录，用户应用代码可以在 applications 目录下的 main.c 文件中编写。

在创建工程时需确认 RT_thread 内核版本与 SDK 版本是否匹配，否则会出现初次编译失败的问题。在 RTT 论坛中有题为"RT_Thread Studio 创建工程编译时出错 flowcontrol"的帖子描述了内核版本与 SDK 版本不匹配的情况，需手

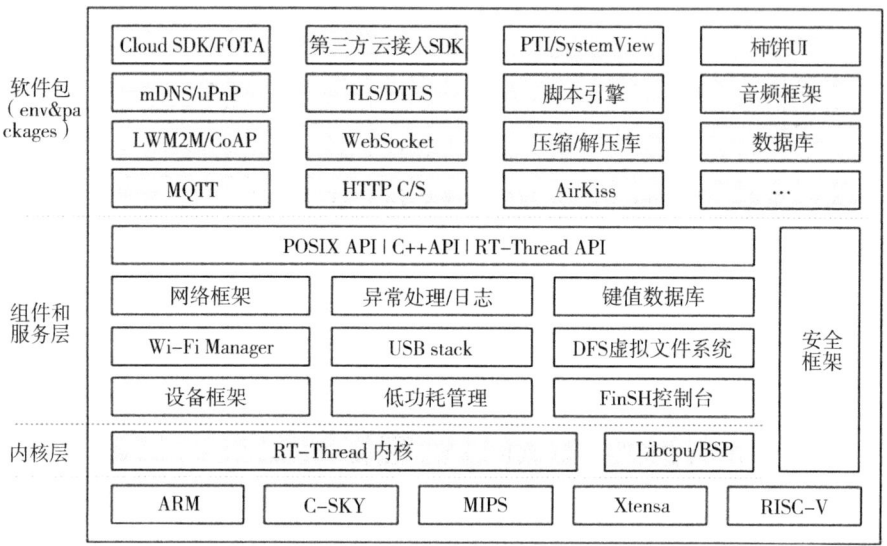

图 6-3-10　RT-Thread 软件框架

图 6-3-11　RT-Thread 项目创建

第六章 农业小气候感知系统网关设计

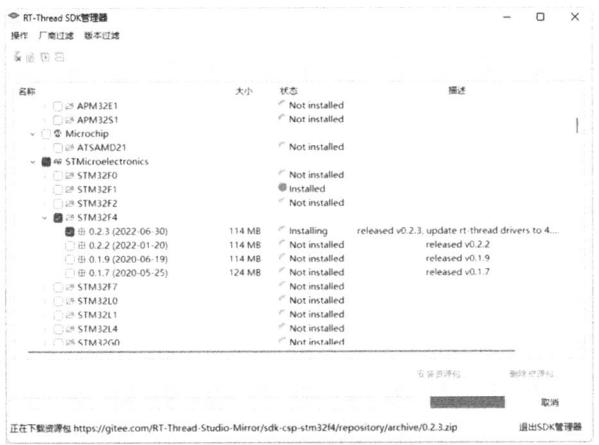

图 6-3-12 MCU SDK 安装与更新

动调整各自版本号直到匹配为止。

本项目 RT_Thread 内核版本为 5.1.0，STM32F4 的 SDK 版本为 0.2.3，在初次编译时出现图 6-3-13 所示的错误。通过分析代码结合报错信息，判断是 RT_WEAK 未定义导致的，可将其删除或者通过条件编译语句将其定义为编译器可识别的_weak 关键字。

图 6-3-13 RT_WEAK 未定义错误

在修改 RT_WEAK 错误后，通过编译整个工程的源代码生成 "rtthread.elf" 和 "rtthread.bin" 二进制文件，将 st-link 与网关主控板的 SWD

· 197 ·

接口相连并上电，点击"下载"按钮将二进制机器码烧录到主控 MCU STM32F407VGTx 的 flash 中，带有 RT-Thread 内核的实时操作系统应用就在网关主板中执行运行起来了。此时通过 USB 接口与主控板的 Type-C 接口相连后，PC 机的设备管理器会多一个 COM 串口设备，记录串口编号并打开 RT-Thread studio 的"打开终端"按钮，选择插入主控板时枚举出来的 COM 口，并配置合适的波特率（默认 115200bps）。在点击确定后，terminal 终端会被打开，并在其上循环显示"Hello RT-Thread!"，至此，工程创建、编译、下载、执行步骤全部通过，terminal 终端上的 FinSH 控制台交互也正常。注释掉"LOG_D（"Hello RT-Thread!"）"所在的行，重新编译后下载，可以看到循环打印日志现象消失。此时在中断输入"ps"命令后，会列出初始化代码的线程清单，如图 6-3-14 所示，列出了 tshell、tidle0、timer、main 四个线程，同时还显示了以上线程的优先级、运行状态、堆栈大小以及任务堆的占用情况。

```
  \ | /
- RT -     Thread Operating System
  / | \    5.1.0 build Feb 10 2025 16:48:21
 2006 - 2024 Copyright by RT-Thread team
msh >ps
thread   pri  status    sp         stack size  max used  left tick     error   tcb addr
------   ---  -------   --------   ----------  --------  ----------    ------  ----------
tshell   20   running   0x000000dc 0x00001000     16%    0x00000002    OK      0x2000215c
tidle0   31   ready     0x00000080 0x00000100     56%    0x00000020    OK      0x20000cec
timer     4   suspend   0x000000c0 0x00000200     37%    0x00000009    EINTRPT 0x2000102c
main     10   suspend   0x000000e8 0x00000800     16%    0x00000014    EINTRPT 0x20001688
```

图 6-3-14　初始代码线程清单

通过"list device"命令可以查看当前设备清单，如图 6-3-15 所示，初始代码运行后，设备清单中包含 uart1 和 pin 两种设备，其中 uart1 被用于 log 日志输出，而 pin 设备被用于 GPIO 的输入和输出功能。

```
device              type             ref count
--------     --------------------     ----------
uart1        Character Device         2
pin          Pin Device               0
```

图 6-3-15　初始代码的设备清单

2. Modbus RTU 协议及传感器数据解析

RS-485（Recommended Standard 485）是一种半双工、多点通信的串行通信标准，由美国电子工业协会（EIA）制定，广泛用于工业自动化、楼宇控制、智能仪表、安防监控、物联网（IoT）等领域。相比 RS-232，RS-485 具备传输距离更远、抗干扰能力更强、支持多设备通信等优势，适用于复杂的工业和物联网环境。RS-485 采用差分信号传输（Differential Signaling），即使用两条信号线 A（正极）和 B（负极）的电压差进行数据通信，经典电压差值为 +2~+6V。当 A 线电压高于 B 线电压时，总线信号识别为逻辑 1；当 A 线电压低于 B 线电压时，总线信号识别为逻辑 0。

图 6-3-16 为 RS-485 总线收发器连接示意图，收发双方通过双绞线以菊花链方式连接，这样大大简化了连接成本。由于 RS-485 采用差分信号，共模噪声会同时影响 A 和 B 线，但由于接收端检测的是两者之间的差分电压，所以噪声对信号影响较小，使得 RS-485 具有较强的抗干扰能力，能够在较低波特率工况下传输 1km 以上。

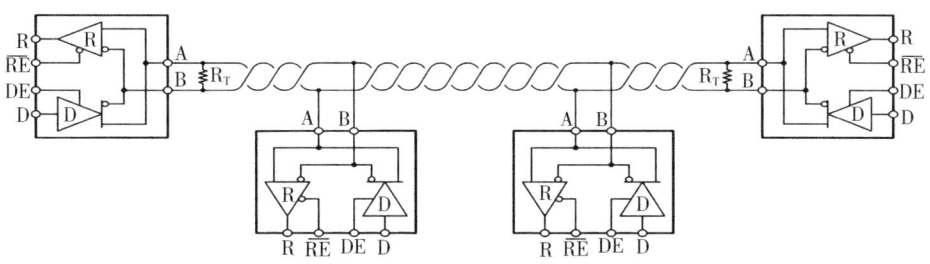

图 6-3-16　RS-485 总线收发器连接示意图

Modbus RTU（Remote Terminal Unit）是一种基于 RS-485/RS-232/RS-422 总线的串行通信协议，广泛应用于工业自动化、物联网（IoT）、楼宇控制、智能电网、远程监测等领域。Modbus RTU 采用二进制格式进行数据传输，具有结构简单、可靠性高、兼容性强等优点。通信采用主从架构，主机（Master）轮询从机（Slave），从机不能主动发送数据，必须等待主机请求。一个 Modbus 总线网络具有 1 个主机，最多可挂载 247 个从机。Modbus RTU 采用固定的帧格式，每一帧包含地址、功能码、数据、校验码 4 个部分，主机通过从机地址向目标从机发起通信，与当前地址无关的从机不做任何响应，通信双方在收发时通过 CRC16 校验每帧的完整性，此外还有寄存器寻址、通信超时判断、异常判断等处理。

在之前的光照传感器等相关章节中实现了 Modbus RTU 从机的保持寄存器（0X03 功能码）的应答功能，而农业小气候感知系统网关需要对各类气象传感器进行轮询请求，并实现逐一解析数据、超时判断、故障诊断等功能，这就要求实现更为完备的 Modbus RTU 主机功能。FreeModbus 是一个开源的 Modbus 协议栈，支持 RTU（Remote Terminal Unit）和 ASCII 传输模式，广泛应用于工业自动化、楼宇控制等领域。RT-Thread 操作系统提供了 FreeModbus 软件包，方便开发者在嵌入式系统中集成 Modbus 通信功能。通过在 RT-Thread 中集成 FreeModbus 软件包，可以快速实现稳定、高效的 Modbus 通信功能，满足农业小气候感知系统网关对各个气象传感器的数据采集需求。

根据网关硬件设计中关于 RS-485 接口的电路可以看出，RS-485 接口依赖主控 MCU 的 UART3 和 MAX13487 接口芯片。接下来根据 RT-Thread 的设备框架，使能和初始化 UART3 端口，并实现数据的收发操作，具体步骤如下：

（1）主时钟及 Debug 模式配置

图 6-3-17 为 RT-Thread 系统上电后的启动流程，在执行到 rt_hw_board_init 初始化函数时，调用了 hw_board_init 将 MCU 的系统主时钟设置为 HSI 模式，并将系统时钟频率设置为 168MHz。

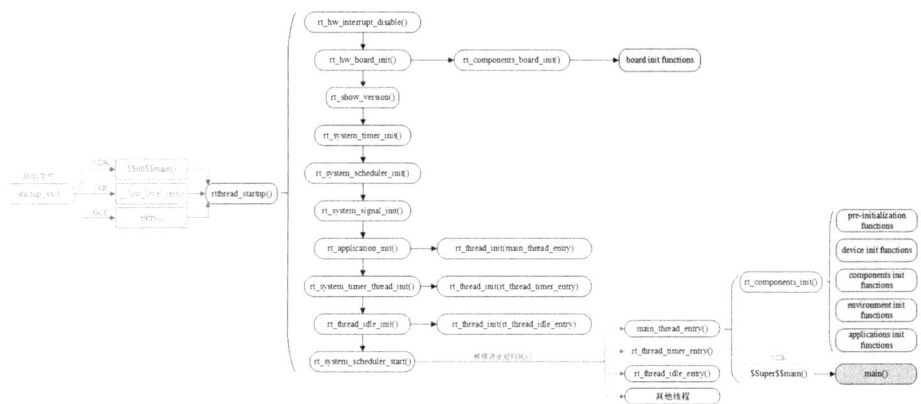

图 6-3-17　RT-Thread 启动流程

在 RT-Thread Studio IDE 工具的左侧"项目资源管理器"中双击打开 CubeMX Settings 图形化配置工具，为了与上述 RT-Thread 初始化时钟配置一致，这里也在 RCC 配置界面将主时钟配置为 HSI，并在 Clock configuration 界面将 SYSCLK 配置为 168MHz，如图 6-3-18 所示。

在 System Core 中的 SYS 配置中，将 Debug 模式配置为"Serial Wire"模式，此时 PA13 和 PA14 将被用于程序下载和调试，如图 6-3-19 所示。当应用程序编译通过并生成 .bin 文件后，上位机通过 st-link 调试工具将 .bin 二进制文件经由 SWCLK 和 SWDIO 两个引脚烧录到主控 MCU 的 FLASH 中并运行。

（2）UART 通信端口配置

在工程创建时，根据项目创建向导，选择 UART1 作为 FinSH 控制台交互

第六章 农业小气候感知系统网关设计

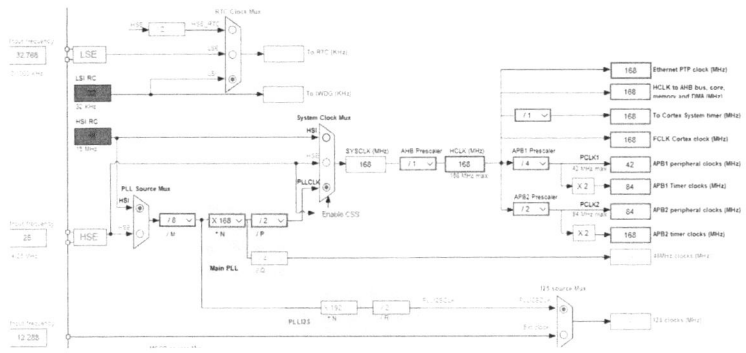

图 6-3-18　系统时钟配置

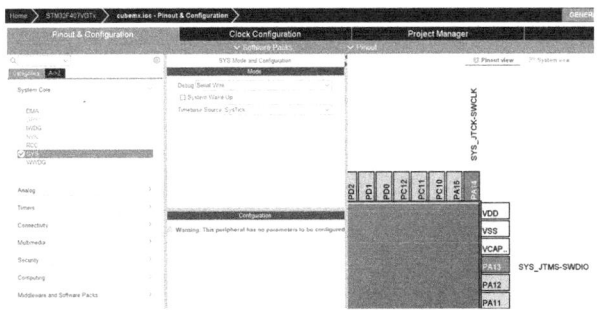

图 6-3-19　Debug 模式配置

端口，这里为了与工程配置一致，在 Connectivity 中将 UART1 设置为 Asynchronous 模式，并将 PA9 和 PA10 分别作为 TXD 和 RXD 引脚。为了实现 RS-485 通信，根据主控板电路图，将 UART3 设置为 Asynchronous 模式，并将 PB10 和 PB11 分别作为 TXD 和 RXD 引脚与 MAX13487 对应引脚相连构成 RS-485 收发端口。UART1 和 UART3 配置界面如图 6-3-20 所示。

在图形化配置界面完成 UART 模式配置后，点击右上角"GENERATE CODE"按钮，在弹出的结果框中选择"Close"按钮，完成图形界面配置转换为对应的外设初始化代码。此时在 RT-Thread Studio IDE 的 cubemx 目录下生成了新的 stm32f4xx_hal_conf.h 文件，在这里时钟及 UART 相关配置信息被修改成之前配置的参数。

返回到 RT-Thread Studio 界面，打开 drivers 目录下的 board.h 文件，在 UART CONFIG BEGIN 标记的位置，根据配置步骤添加 UART3 的以下宏定义：
#define BSP_USING_UART3

· 201 ·

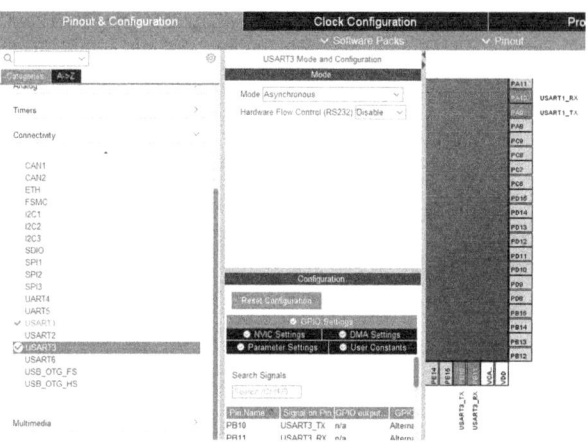

图 6-3-20　UART 异步通信模式配置

#define BSP_UART3_TX_PIN　　　"PB10"
#define BSP_UART3_RX_PIN　　　"PB11"

编译整个工程并下载程序到 MCU 后，打开终端界面进入到 FinSH 控制台，输入 list device 命令，可以看到多了一个 uart3 设备。但此时 ref 一栏为 0，表示当前 uart3 并未绑定任何驱动组件，如图 6-3-21 所示。

```
msh >list device
device           type                ref count
--------         --------------      ---------
uart3            Character Device    0
uart1            Character Device    2
pin              Pin Device          0
```

图 6-3-21　UART3 设备清单

（3）导入并配置 freeModbus 软件包

在 RT-Thread Studio 的项目资源管理器中，双击打开 RT-Thread Settings，在打开的配置页面左上角点击"添加软件包"按钮，在 Package Center 搜索 freeModbus 软件包并添加（图 6-3-22）。

在保存整个项目后，RT-Thread Studio 会自动从代码仓库抽取 freeModbus 相关代码，并添加到工程的 packages 目录下。此时右键单击刚添加的 freeModbus 软件包，选择配置项，按照图 6-3-23 使能 Master mode 并选择 Enable master sample 选项，配置 uart number used by master sample 为 3，将之前配

第六章 农业小气候感知系统网关设计

图 6-3-22 添加 freeModbus 软件包

置的 UART3 分配给 freeModbus 软件包。配置 uart baudrate used by master sample 为 9600，将 UART3 的波特率设置为 9 600bps。

图 6-3-23 freeModbus 软件包配置

打开 samples 目录下的 sample_mb_master.c 文件，可以看到 freeModbus 的示例代码。根据 RT-Thread 关于 freeModbus 的说明，修改 sample_mb_master.c 文件：

#include <rtthread.h>

```c
#include "mb. h"
#include "mb_m. h"
#include "user_mb_app. h"
#ifdef PKG_MODBUS_MASTER_SAMPLE
#define SLAVE_ADDR        MB_SAMPLE_TEST_SLAVE_ADDR
#define PORT_NUM          MB_MASTER_USING_PORT_NUM
#define PORT_BAUDRATE     MB_MASTER_USING_PORT_BAUDRATE
#else
#define SLAVE_ADDR        0x01
#define PORT_NUM          3
#define PORT_BAUDRATE     115200
#endif
#define PORT_PARITY       MB_PAR_NONE

#define MB_POLL_THREAD_PRIORITY    10
#define MB_SEND_THREAD_PRIORITY    RT_THREAD_PRIORITY_MAX - 1

#define MB_SEND_REG_START   2
#define MB_SEND_REG_NUM     2

#define MB_POLL_CYCLE_MS    500
enum{
    ID_AIR_HM_SNSR = 1,
    ID_SOIL_HM_SNSR = 2,
    ID_WIND_SPD_DIR = 3,
    ID_LIGHTSTR_SNSR = 4,

};
typedef struct w_station_tag {
    float air_temp;
    float air_humi;
    float soil_temp;
    float soil_humi;
```

第六章　农业小气候感知系统网关设计

```c
        uint32_t lightStength;
        float windSpeed;
        uint8_t windDir;

} x_weaherStation_datapoint_t;
x_weaherStation_datapoint_t g_WS_datapoint;
extern USHORT   usMRegHoldBuf[MB_MASTER_TOTAL_SLAVE_NUM][M_REG
_HOLDING_NREGS];

static void send_thread_entry(void *parameter)
{
    eMBMasterReqErrCode error_code = MB_MRE_NO_ERR;
    rt_uint16_t error_count = 0;
    while(1)
    {
        /* Test Modbus Master */
        eMBMasterReqReadHoldingRegister(ID_AIR_HM_SNSR, 0, 2, 5000);
        rt_thread_mdelay(1000);
        eMBMasterReqReadHoldingRegister(ID_SOIL_HM_SNSR, 0, 2, 5000);
        rt_thread_mdelay(1000);
        eMBMasterReqReadHoldingRegister(ID_WIND_SPD_DIR, 0, 2, 5000);
        rt_thread_mdelay(1000);
        eMBMasterReqReadHoldingRegister(ID_LIGHTSTR_SNSR, 0, 2, 5000);
        rt_thread_mdelay(1000);
        //----------modbus data read-------
        g_WS_datapoint.air_temp = usMRegHoldBuf[ID_AIR_HM_SNSR-1]
[0] * 0.1;
        g_WS_datapoint.air_humi = usMRegHoldBuf[ID_AIR_HM_SNSR-1]
[1] * 0.1;
        g_WS_datapoint.soil_temp = usMRegHoldBuf[ID_SOIL_HM_SNSR-1]
[0] * 0.1;
        g_WS_datapoint.soil_humi = usMRegHoldBuf[ID_SOIL_HM_SNSR-1]
[1] * 0.1;
```

```
        g_WS_datapoint.windSpeed = usMRegHoldBuf[ID_WIND_SPD_DIR-1]
[0] * 0.1;
        g_WS_datapoint.windDir   = usMRegHoldBuf[ID_WIND_SPD_DIR-1]
[1];
        g_WS_datapoint.lightStength = usMRegHoldBuf[ID_LIGHTSTR_SNSR-
1][0] * 65535+usMRegHoldBuf[ID_LIGHTSTR_SNSR-1][1];
        //----------------
        /* Record the number of errors */
        if(error_code != MB_MRE_NO_ERR)
        { error_count++;}
    }
}

static void mb_master_poll(void * parameter)
{
    eMBMasterInit(MB_RTU, PORT_NUM, PORT_BAUDRATE, PORT_PARITY);
    eMBMasterEnable();
    while(1)
    {
        eMBMasterPoll();
        rt_thread_mdelay(MB_POLL_CYCLE_MS);
    }
}
static int mb_master_sample(int argc, char ** argv)
{
    static rt_uint8_t is_init = 0;
    rt_thread_t tid1 = RT_NULL, tid2 = RT_NULL;
    if(is_init > 0)
    {
        rt_kprintf("sample is running \n");
        return -RT_ERROR;
    }
```

第六章 农业小气候感知系统网关设计

```
    tid1 = rt_thread_create("md_m_poll", mb_master_poll, RT_NULL, 512, MB
_POLL_THREAD_PRIORITY, 10);
    if(tid1 != RT_NULL){rt_thread_startup(tid1);}
    else{ goto __exit;}
    tid2 = rt_thread_create("md_m_send", send_thread_entry, RT_NULL, 512,
MB_SEND_THREAD_PRIORITY - 2, 10);
    if(tid2 != RT_NULL){rt_thread_startup(tid2);}
    else{ goto __exit; }
    is_init = 1;
    return RT_EOK;
__exit:
    if(tid1)
        rt_thread_delete(tid1);
    if(tid2)
        rt_thread_delete(tid2);

    return -RT_ERROR;
}
MSH_CMD_EXPORT(mb_master_sample, run a modbus master sample);
```

编译代码并使用 debug 模式将代码下载到网关主板,打开 RT-Thread Studio 的终端界面,输入 mb_master_sample 命令执行上面 Modbus master 采集空气温湿度、土壤温湿度、风速风向、光照度传感器的线程,右键单击 g_WS_datapoint 结构体变量到表达式查看窗口。在调用 eMBMasterReqReadHoldingRegister 对每个传感器的数据轮询后,获得当前各类气象数据,如图 6-3-24 所示。

注意这里 MSH_CMD_EXPORT 宏定义,将 mb_master_sample 函数插入 FinSH 命令清单中,需要手动在命令终端启动该函数的执行,后续应改为在用户应用代码中调用,达到自动执行数据采集的效果。

通过侦听 RS-485 总线上网关主板与各个传感器的通信会话,可以得到 Modbus 地址为 1 的空气温湿度传感器采集过程中,主机向从机发送的数据请求帧:01 03 00 00 00 02 C4 0B,以及空气温湿度将采集后的数据上传的应答帧:01 03 04 00 0D 01 4F 2B 94。同理可以获得 Modbus 地址为 2 的土壤温湿度

图 6-3-24　查看 g_WS_datapoint 变量中传感器数据

传感器的数据请求帧：02 03 00 00 00 02 C4 38 以及土壤温湿度传感器上报的应答帧：02 03 04 00 0C 01 5F 48 98，此外还有风速风向和光照度传感器的数据请求和应答帧。根据 Modbus RTU 协议，可解析出各类传感器的数据，不难看出解析结果与图 6-3-24 中 g_WS_datapoint 变量中各个成员的数据结果一致。

至此，依靠 RT-Thread 强大的软件包生态以及设备管理机制，快速实现了小气候网关对各类传感器的数据采集、校验、解析等功能，为后续的数据上报做好准备。

3. 网络组件配置

RT-Thread 实时操作系统提供了一个灵活、模块化的网络组件框架，旨在简化网络应用的开发和维护。网络组件的框架如图 6-3-25 所示，无论是 ETH 有线方式还是 PPP 协议的移动通信模组或者是 RW007 等 Wi-Fi 模组，可以通过其上层的 lwIP 协议栈、AT Socket 等方式接入 netdev 网卡层，进而注册为 RT-Thread 实时操作系统的网卡设备。SAL（Socket Abstraction Layer，套接字抽象层）通过对不同的网络协议栈（如 lwIP、AT Socket 等）进行抽象可以屏蔽底层网络协议栈的差异，为上层应用提供统一的 BSD Socket API 接口，实现应用层与协议栈层的解耦。通过提供统一的网络编程接口，可以方便地更换或升级底层网络协议栈，而无需对上层应用进行大的修改，最终简化了开发流程，增强了系统的兼容性和灵活性。

RW007 是一款 Wi-Fi 模块，专为嵌入式系统设计，提供稳定的无线网络

第六章　农业小气候感知系统网关设计

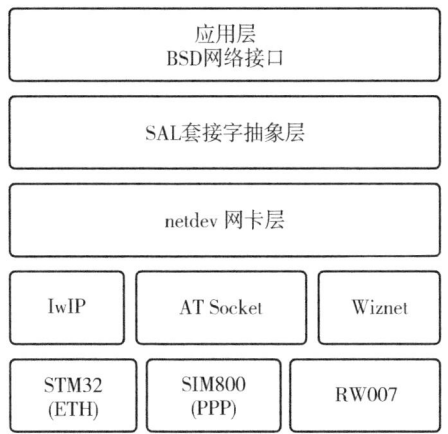

图 6-3-25　RT-Thread 网络组件框架

连接。该模块具有 AT 指令接口和 SPI 接口，支持 IEEE 802.11b/g/n 网络、WEP/WPA/WPA2 加密方式和 STA 和 AP 模式，在 SPI 工作模式下有效以太网上下行带宽高达 1MBytes/s。

　　RT-Thread 实时操作系统提供了一个三层 I/O 设备模型框架，包含 I/O 设备管理层、设备驱动框架层、设备驱动层。通过对硬件设备驱动进行抽象实现了应用程序与硬件设备之间的解耦，在设备管理层提供了标准的设备管理接口 API，方便应用程序对设备的操作和管理。

　　在本章硬件设计部分中 RW007 模组与主控 MCU 通过 SPI1 连接，CS、INT、RESET 引脚分别与 PA4、PC5、PC4 连接。下面利用设备框架对 SPI1 总线进行初始化、挂载、绑定，最终完成 RW007 高速 Wi-Fi 的网络配置。

　　在使用设备框架前，需要双击 RT-Thread Studio IDE 左侧的项目管理器中 CubeMX Settings 图标，打开 MCU 图形化配置界面，并按照如图 6-3-26 将 SPI1 配置为全双工主机模式（Full-Duplex Master），最后点击右上角 GENERATE CODE 按钮生成初始化代码。

　　双击 RT-Thread Studio IDE 左侧的项目管理器中 RT-Thread Settings 图标，点击 Drivers 分组下的 SPI 图标，使能 SPI 设备框架，然后保存整个工程使 SPI 设备框架及配置参数生效。最后打开 board.h 头文件，在 "SPI CONFIG BEGIN" 标记的 SPI 配置区域，添加 BSP_USING_SPI1 宏定义，使能 spi1 相关配置和初始化代码。

　　编译并下载当前代码到主控 MCU，打开串口终端并在 FinSH 控制台中输

· 209 ·

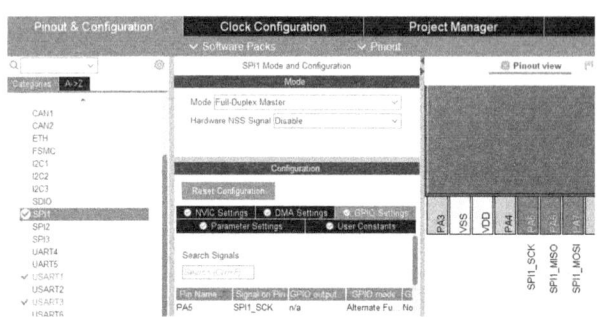

图 6-3-26　SPI1 全双工主机模式配置

入"list device"命令后,获得图 6-3-27 所示设备清单。此时多了"SPI1"设备,说明 SPI1 设备已经注册成功,可以通过设备管理层的 API 进行读写操作。

```
msh >list device
device              type              ref count
--------            ------------      ---------
spi1                SPI Bus           0
uart3               Character Device  0
uart1               Character Device  2
pin                 Pin Device        0
```

图 6-3-27　列出 SPI1 设备状态

在 SPI1 设备挂载并初始化成功后,双击 RT-Thread Studio IDE 左侧的项目管理器中 RT-Thread Settings 图标,点击"添加软件包"按钮打开 Package Center,搜索并添加 RW007 软件包,在新添加的 rw007 图标上右键单击并选择"配置项"菜单打开 rw007 软件包的配置界面,按照图 6-3-28 完成 rw007 的参数及引脚配置,保存使得当前配置参数生效。

编译并下载当前代码到主控 MCU,打开串口终端并在 FinSH 控制台中输入"list device"命令后,获得图 6-3-29 所示设备清单。可以看出此时设备清单增加了 w0、w1、wlan0、wlan1 等几个网络接口设备。

通过 wifi join 命令将 rw007 连接到 Wi-Fi 热点,待获得 IP 地址后,通过 ping 命令测试 rw007 高速 Wi-Fi 设备的联网状态,测试结果如图 6-3-30 所示,测试结果表明 rw007 的性能稳定,相较于其他 AT 指令扩展的 Wi-Fi 设备具有连接速度快、使用方便、数据吞吐量大等优点。

在完成 rw007 Wi-Fi 的配置、初始化、网络组件注册等任务后,网关具备

图 6-3-28 rw007 配置界面

```
msh >list device
device            type                  ref count
--------          --------------------  ---------
w1                Network Interface     1
w0                Network Interface     1
wlan0             Network Interface     1
wlan1             Network Interface     1
wspi              SPI Device            0
spi1              SPI Bus               0
uart3             Character Device      0
uart1             Character Device      2
pin               Pin Device            0
msh >
msh >
msh >wifi join xjauwifi Andy!@#456&*(
[I/WLAN.mgnt] wifi connect success ssid:xjauwifi
msh >[I/WLAN.lwip] Got IP address : 10.168.1.156
```

图 6-3-29 列出 WLAN 设备状态

了接入以太网的能力，可以通过 TCP/IP、HTTP、MQTT 等协议与云端服务器进行连接并交换数据，具备了将 Modbus RTU 接收线程获得的空气温湿度、土壤温湿度、风速风向、光照度等数据上传到物联网平台的能力。

4. OneNET 平台接入

在编写农业小气候感知系统网关上报数据相关程序前，需在物联网平台上创建产品、定义与网关对应的物模型，实现网关数据节点在云端的映射。中国

```
msh >wifi join xjauwifi Andy!@#456&*(
[I/WLAN.mgnt] wifi connect success ssid:xjauwifi
msh >[I/WLAN.lwip] Got IP address : 10.168.1.156

msh >ping www.baidu.com
ping: not found specified netif, using default netdev w0.
60 bytes from 39.156.70.46 icmp_seq=0 ttl=50 time=83 ms
60 bytes from 39.156.70.46 icmp_seq=1 ttl=50 time=69 ms
60 bytes from 39.156.70.46 icmp_seq=2 ttl=50 time=66 ms
60 bytes from 39.156.70.46 icmp_seq=3 ttl=50 time=69 ms
```

图 6-3-30　RW007 网络测试结果

移动物联网开放平台 OneNET 整合了云计算、大数据和人工智能等前沿技术，实现了从设备接入到数据处理的全链路数字化管理。它支持多种通信协议，保障数据传输的高效性与安全性，同时提供灵活的接口和开发环境，助力企业快速构建智能应用，推动智慧城市、工业互联网等多场景的应用创新。图 6-3-31 是 OneNET 平台开发产品的整个流程，包括产品创建、功能定义、添加设备、设备调试以及产品发布等环节，涵盖了物联网设备开发的整个过程，是国内领先的物联网平台，本章设计的农业小气候感知系统网关将采集到的各类气象数据上传到 OneNET，并通过该平台提供的数据展示等功能对气象数据进行直观展示、存储、分析。

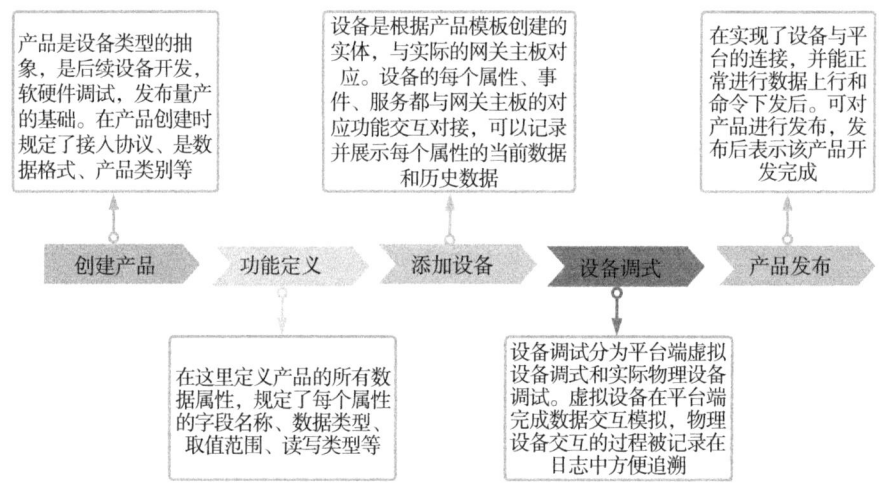

图 6-3-31　RW007 网络测试结果

根据 OneNET 开放平台提供的设备开发核心流程，依网关功能属性划分，创建名为"smart_weather_station"的产品，在弹出的配置菜单中将节点类型勾选为直连设备；将接入协议配置为 MQTT；将数据协议配置为 OneJson 并确定结束创建。图 6-3-32 为产品创建成功后的产品信息。

图 6-3-32　产品详细参数

根据 OneNET 中关于产品的概念，此时创建的产品并不能与实际的物理设备建立通信，产品只是一个属性模板，需进一步在对应的产品页面中点击"产品管理"按钮并选择"添加设备"才可以创建实体设备对象。如图 6-3-33 为名为"ws001"设备，可以看出该设备隶属于"smart_weather_station"产品，此产品是真正与网关通信的云端实体。

图 6-3-33　设备详情页面

OneNET 平台有严密的安全认证机制，为了确保接入该平台设备的稳定运行，平台采用了产品 ID、设备名称及通过核心密钥计算的 token 进行访问认证的三元认证方法。其中产品 ID 和设备名称在各自的详情页可以直接获得，密钥可以使用图 6-3-34 所示的"token 计算工具"获得，也可以通过实现 token 计算算法自行计算获得。至此用于设备接入安全认证的三元信息已经就绪，在设备登录阶段需根据 MQTT 的协议将以上三元组信息传入平台，待认证通过后才可以进行数据发布和订阅操作。

图 6-3-34　token 计算工具

在 RT-Thread Studio IDE 左侧的项目资源管理器中双击打开 RT-Thread Settings 图标，点击添加软件包后，在弹出的 Package Center 中搜索 OneNET 软件包并添加。软件包会自动根据依赖关系添加与 OneNET 相关联的其他软件包，比如 cJSON、pahomqtt 等。添加 OneNET 软件包后，软件包列表如图 6-3-35 所示。

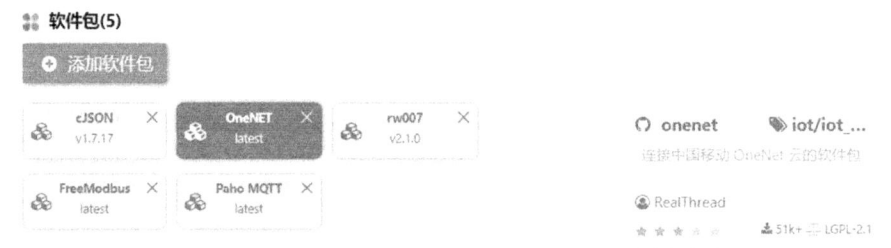

图 6-3-35　OneNET 软件包及其依赖包

右键单击 OneNET 软件包，并打开"配置项"菜单，按照图 6-3-33 配置 OneNET 软件包参数，将之前在 OneNET 平台上创建的设备名称、产品 ID 填入对应的位置，如图 6-3-36 配置界面所示。点击保存按钮后，OneNET 软件包、

cJSON 软件包、Paho MQTT 软件包相关代码从对应的代码仓库中抽取到当前工程文件夹中。最后将之前生成的 token 字符串粘贴到更新后的 rtconfig.h 文件的"ONENET_INFO_AUTH"宏定义内。

图 6-3-36 OneNET 软件包参数配置

由于这里勾选了"使能 OneNET 示例"选项，利用软件包实现基于 MQTT 的设备注册、属性上报、消息订阅与发布功能都会包含到工程中，添加了 onenet_mqtt_init、onenet_upload_cycle 等命令，方便对相关软件包进行测试和分析。

在使用 Wi-Fi 命令将网关联网后，输入 onenet_mqtt_init 命令并执行设备登录操作，设备会根据之前的三元组鉴权信息向 OneNET 发送登录鉴权请求，平台认证通过后设备完成登录动作，此时设备状态更新为在线状态。

结合产品物模型定义中各个属性字段，修改"onenet_sample.c"中的 onenet_upload_entry 线程函数，具体参考以下代码：

```
static void onenet_upload_entry( void * parameter)
{
    int value = 0;

    while (1)
    {
        value = rand() % 100;
        onenet_mqtt_upload_digit( "air_humi", value);
```

```
            rt_thread_delay(rt_tick_from_millisecond(2 * 1000));
            value = rand() % 100;
            onenet_mqtt_upload_digit("air_temp", value);
            rt_thread_delay(rt_tick_from_millisecond(2 * 1000));
            value = rand() % 100;
            onenet_mqtt_upload_digit("bat_vol", value);
            rt_thread_delay(rt_tick_from_millisecond(2 * 1000));
            value = rand() % 100;
            onenet_mqtt_upload_digit("light_strength", value);
            rt_thread_delay(rt_tick_from_millisecond(2 * 1000));
            value = rand() % 100;
            onenet_mqtt_upload_digit("pwr_vol", value);
            rt_thread_delay(rt_tick_from_millisecond(2 * 1000));
            value = rand() % 100;
            onenet_mqtt_upload_digit("rssi", value);
            rt_thread_delay(rt_tick_from_millisecond(2 * 1000));
            value = rand() % 100;
            onenet_mqtt_upload_digit("soil_humi", value);
            rt_thread_delay(rt_tick_from_millisecond(2 * 1000));
            value = rand() % 100;
            onenet_mqtt_upload_digit("soil_temp", value);
            rt_thread_delay(rt_tick_from_millisecond(2 * 1000));
            value = rand() % 100;
            onenet_mqtt_upload_digit("wind_dir", value);
            rt_thread_delay(rt_tick_from_millisecond(2 * 1000));
            value = rand() % 100;
            onenet_mqtt_upload_digit("wind_spd", value);
            rt_thread_delay(rt_tick_from_millisecond(2 * 1000));
    }
}
```

在 onenet_upload_entry 线程函数中调用 onenet_mqtt_upload_digit，实现设备中各个属性的消息发布。注意，这里各个属性的数据是由 rand 函数随机生

第六章 农业小气候感知系统网关设计

成的，后续应将 Modbus 线程集成进来，实现真实传感器数据的采集与上报（图 6-3-37）。

```
msh />wifi join xjauwifi Andy!@#456&*(
[I/WLAN.mgnt] wifi connect success ssid:xjauwifi
msh />[I/WLAN.lwip] Got IP address : 10.168.1.156

msh />
msh />onenet_mqtt_init
[D/onenet.mqtt] Enter mqtt_connect_callback!
[D/mqtt] ipv4 address port: 1883
[D/mqtt] HOST = '183.230.40.96'
[I/onenet.mqtt] RT-Thread OneNET package(V1.0.0) initialize success.
msh />[I/mqtt] MQTT server connect success.
[I/mqtt] Subscribe #0 $sys/6d2Oo40YQN/ws001/thing/property/set OK!
[D/onenet.mqtt] Enter mqtt_online_callback!

msh />onenet_up
onenet_upload_cycle
msh />onenet_upload_cycle
msh />
```

图 6-3-37　命令行下的 OneNET 数据上报

onenet_upload_cycle 命令执行完毕后，在数据上报线程中周期上报随机数到各个属性字段，OneNET 平台在收到 MQTT 消息后，回发应答表示确认收到，并将收到的数据存入数据库，通过图表、曲线等方式展示给开发者。图 6-3-38 为 ws001 设备收到数据后，更新各个传感器数据点，通过历史数据图标可根据时间查看历史数据曲线。

图 6-3-38　命令行下的 OneNET 数据上报

5. 网关线程设计与整合

在前面小节中分别完成了网络连接、modbus 数据轮询与解析、OneNET 平台数据上报等功能，但是没有实现完整的网关功能代码。利用 RT-Thread 实时操作系统，可以实现多个线程同时运行，通过信号量、互斥量、消息邮箱和消息队列可以实现线程间的数据交互和同步等功能。

根据网关的功能划分为数据采集线程、OneNET 数据上报线程以及其他辅助线程。其中 OneNET 数据上报线程负责与物联网平台的数据上报和连接状态保持等功能，优先级应适当调高。数据轮询线程负责向各个气象传感器发送数据轮询请求，并解析应答数据包，优先级相对较低。数据采集线程获得的传感器数据通过共享内存的方式为 OneNET 数据上报线程提供数据，各个状态设置回调函数指示当前状态。

应用代码在 main.c 中创建，在 main 函数中调用线程创建函数，创建数据采集线程和数据上报线程并启动。具体代码如下：

```
#include <rtthread.h>

#define DBG_TAG "main"
#define DBG_LVL DBG_LOG
#include <rtdbg.h>

#include "user_mb_app.h"
extern int onenet_mqtt_init(void);
extern rt_err_t onenet_mqtt_upload_digit(const char * ds_name, const double digit);

#define SSID        "xjauwifi"
#define PASSWD      "Andy!@#456&*("

#define PORT_NUM            MB_MASTER_USING_PORT_NUM
#define PORT_BAUDRATE       MB_MASTER_USING_PORT_BAUDRATE

#define PORT_PARITY         MB_PAR_NONE
```

```
#define MB_POLL_THREAD_PRIORITY    10
#define MB_SEND_THREAD_PRIORITY    RT_THREAD_PRIORITY_MAX - 1

#define MB_POLL_CYCLE_MS    500

enum{
    ID_AIR_HM_SNSR = 1,
    ID_SOIL_HM_SNSR = 2,
    ID_WIND_SPD_DIR = 3,
    ID_LIGHTSTR_SNSR = 4,

};

typedef struct w_station_tag {
    float air_temp;
    float air_humi;

    float soil_temp;
    float soil_humi;

    uint32_t lightStength;

    float windSpeed;
    uint16_t windDir;

    float pwr_vol;
    float bat_vol;

} x_weaherStation_datapoint_t;

x_weaherStation_datapoint_t g_WS_datapoint;

//--------------------------------------------------------------
```

----

extern USHORT usMRegHoldBuf[MB_MASTER_TOTAL_SLAVE_NUM][M_REG_HOLDING_NREGS];

```
static void send_thread_entry( void * parameter)
{
    while (1)
    {

        //-------------空气温湿度-----------------
        eMBMasterReqReadHoldingRegister( ID_AIR_HM_SNSR,       /* salve address */
                                         0,   /* register start address */
                                         2,   /* register total number */
                                         RT_WAITING_FOREVER);  /* timeout */
        rt_thread_mdelay( 1000);
        g_WS_datapoint. air_temp = usMRegHoldBuf[ ID_AIR_HM_SNSR-1][0];
        g_WS_datapoint. air_humi = usMRegHoldBuf[ ID_AIR_HM_SNSR-1][1];

        rt_kprintf( "air_temp = %d, air_humi = %d \r \n", g_WS_datapoint. air_temp, g_WS_datapoint. air_humi);
        //-------------土壤温湿度-----------------
        eMBMasterReqReadHoldingRegister( ID_SOIL_HM_SNSR,  /* salve address */
                                         0,   /* register start address */
                                         2,   /* register total number */
                                         RT_WAITING_FOREVER);  /* timeout */
```

第六章 农业小气候感知系统网关设计

```
        rt_thread_mdelay(1000);
        g_WS_datapoint.soil_temp = usMRegHoldBuf[ID_SOIL_HM_SNSR-1][0];
        g_WS_datapoint.soil_humi = usMRegHoldBuf[ID_SOIL_HM_SNSR-1][1];
        rt_kprintf("soil_temp = %d, soil_humi = %d \r\n", g_WS_datapoint.soil_temp, g_WS_datapoint.soil_humi);
        //-------------风速风向湿度----------------
        eMBMasterReqReadHoldingRegister(ID_WIND_SPD_DIR,  /* salve address */
                                        0,               /* register start address */
                                        2,               /* register total number */
                                        RT_WAITING_FOREVER); /* timeout */
        rt_thread_mdelay(1000);
        g_WS_datapoint.windSpeed = usMRegHoldBuf[ID_WIND_SPD_DIR-1][0];
        g_WS_datapoint.windDir   = usMRegHoldBuf[ID_WIND_SPD_DIR-1][1];
        rt_kprintf("wind_spd = %d, wind_dir = %d \r\n", g_WS_datapoint.windSpeed, g_WS_datapoint.windDir);
        //-------------光照传感器----------------
        eMBMasterReqReadHoldingRegister(ID_LIGHTSTR_SNSR, /* salve address */
                                        0,               /* register start address */
                                        2,               /* register total number */
                                        RT_WAITING_FOREVER); /* timeout */
        rt_thread_mdelay(1000);
        g_WS_datapoint.lightStength = usMRegHoldBuf[ID_LIGHTSTR_SNSR-1][0];
```

```
            rt_kprintf("light strength = %d \ r \ n", g_WS_datapoint.lightStength);
    }
}

static void mb_master_poll( void * parameter)
{
    eMBMasterInit( MB_RTU, PORT_NUM, PORT_BAUDRATE, PORT_PARITY);
    eMBMasterEnable();

    while (1)
    {
        eMBMasterPoll();
        rt_thread_mdelay( MB_POLL_CYCLE_MS);
    }
}

static int modbus_master_poll_start( void)
{
    static rt_uint8_t is_init = 0;
    rt_thread_t tid1 = RT_NULL, tid2 = RT_NULL;

    if ( is_init > 0)
    {
        rt_kprintf( "sample is running \ n");
        return -RT_ERROR;
    }
    tid1 = rt_thread_create( "md_m_poll", mb_master_poll, RT_NULL, 512, MB_POLL_THREAD_PRIORITY, 10);
    if ( tid1 ! = RT_NULL)
    {
        rt_thread_startup( tid1);
```

}
else
{
　　goto __exit;
}

　　tid2 = rt_thread_create("md_m_send", send_thread_entry, RT_NULL, 512, MB_SEND_THREAD_PRIORITY - 2, 10);
　　if(tid2 != RT_NULL)
　　{
　　　　rt_thread_startup(tid2);
　　}
　　else
　　{
　　　　goto __exit;
　　}

　　is_init = 1;
　　return RT_EOK;

__exit:
　　if(tid1)
　　　　rt_thread_delete(tid1);
　　if(tid2)
　　　　rt_thread_delete(tid2);

　　return -RT_ERROR;
}

/* upload value to OneNET */
static void onenet_upload_entry(void *parameter)
{

```c
while (1)
{
    onenet_mqtt_upload_digit("air_humi", g_WS_datapoint.air_humi);
    rt_thread_delay(rt_tick_from_millisecond(2 * 1000));

    onenet_mqtt_upload_digit("air_temp", g_WS_datapoint.air_temp);
    rt_thread_delay(rt_tick_from_millisecond(2 * 1000));

    onenet_mqtt_upload_digit("bat_vol", g_WS_datapoint.bat_vol);
    rt_thread_delay(rt_tick_from_millisecond(2 * 1000));

    onenet_mqtt_upload_digit("light_strength", g_WS_datapoint.lightStength);
    rt_thread_delay(rt_tick_from_millisecond(2 * 1000));

    onenet_mqtt_upload_digit("pwr_vol", g_WS_datapoint.pwr_vol);
    rt_thread_delay(rt_tick_from_millisecond(2 * 1000));

    onenet_mqtt_upload_digit("soil_humi", g_WS_datapoint.soil_humi);
    rt_thread_delay(rt_tick_from_millisecond(2 * 1000));

    onenet_mqtt_upload_digit("soil_temp", g_WS_datapoint.soil_temp);
    rt_thread_delay(rt_tick_from_millisecond(2 * 1000));

    onenet_mqtt_upload_digit("wind_dir", g_WS_datapoint.windDir);
    rt_thread_delay(rt_tick_from_millisecond(2 * 1000));

    onenet_mqtt_upload_digit("wind_spd", g_WS_datapoint.windSpeed);
    rt_thread_delay(rt_tick_from_millisecond(2 * 1000));

}
}
```

```c
int onenet_upload_start( void)
{
    rt_thread_t tid;

    tid = rt_thread_create( "onenet_send",
                            onenet_upload_entry,
                            RT_NULL,
                            3 * 1024,
                            RT_THREAD_PRIORITY_MAX / 3 - 1,
                            5);
    if ( tid)
    {
        rt_thread_startup( tid);
    }

    return 0;
}

int main( void)
{
    rt_thread_mdelay( 3000);
         //--------connect AP--------
    while( RT_EOK ! = rt_wlan_connect( SSID, PASSWD) ) {
        rt_thread_mdelay( 3000);
    }

    rt_thread_mdelay( 3 * 1000);
    modbus_master_poll_start();
    onenet_mqtt_init();
    rt_thread_mdelay( 3 * 1000);
    onenet_upload_start();
```

```
        return RT_EOK;
}
```

完整代码参考作者码云仓库：https://gitee.com/andywangxj/smart_weather_stattion.git。

编译并下载程序，将各个线程启动起来后，网关会自动连接指定的热点实现联网，通过 MQTT 协议与 OneNET 平台进行连接，按照程序设计的周期对 Modubs 总线上的传感器进行数据轮询，将数据点中各个气象参数通过打包成 cJSON 格式。按照之前配置的鉴权信息登录云平台，向协议规定的各个 topic 发布数据。

四、农业小气候感知系统数据展示与分析

通过图表将云平台上的各个历史数据绘制成曲线，如图 6-4-1 至图 6-4-6 所示，展示了小气候感知传感器各个参数的历史状态。

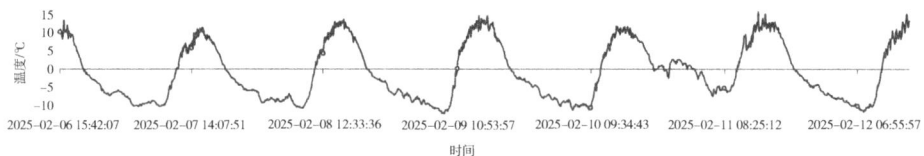

图 6-4-1　气温曲线

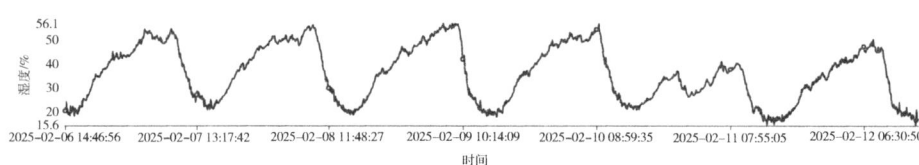

图 6-4-2　空气湿度曲线

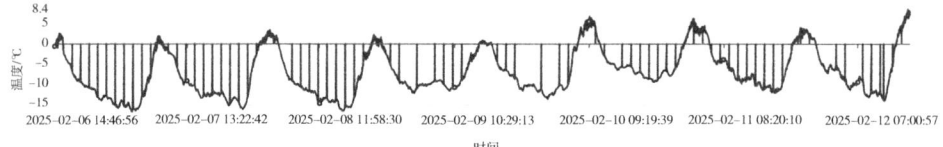

图 6-4-3　土壤温度曲线

第六章 农业小气候感知系统网关设计

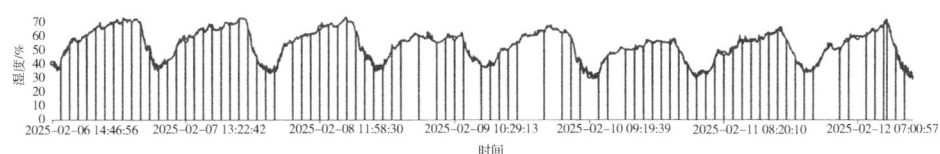

图 6-4-4 土壤湿度曲线

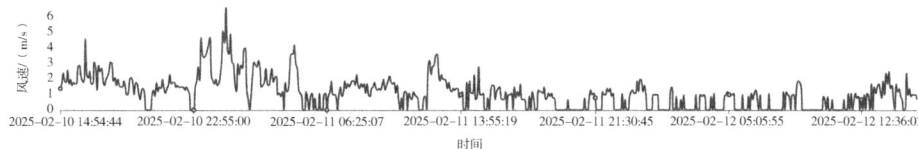

图 6-4-5 风速曲线

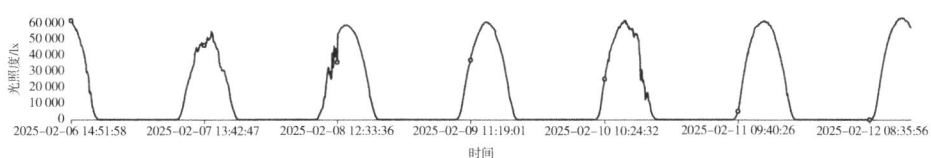

图 6-4-6 光照度曲线

　　农业小气候网关通过长期收集空气温湿度、土壤温湿度、风速风向、光照度等关键环境数据，为农业作业提供科学的决策支持。基于历史数据分析，农户可以精准调控灌溉、施肥、病虫害防治，减少资源浪费，提高作物产量和质量。同时，气象监测与预警功能帮助农民提前应对霜冻、高温、干旱、大风等极端天气，降低农业风险。此外，数据驱动的智能农业系统可与自动灌溉、精准施肥、无人机巡检等智能设备联动，实现高效、低成本的农业生产。通过农业小气候网关，农业生产逐步向智能化、精细化、可持续化发展，从而提高土地利用率，提升农产品质量，并促进绿色农业的发展。